大 学 计 算 机 规 划 教 材

计算机科学基础
实验指导

（第3版）

Foundation for Computer Science Experiment
Instruction，Third Edition

◆沈 睿　冯晓霞　编著

电子工业出版社
Publishing House of Electronics Industry
北京·BEIJING

内 容 简 介

本书是多年来浙江大学计算机基础课程建设的成果，是《数据与计算——计算机科学基础（第 3 版）》（ISBN 978-7-121-31669-2）的配套教材。本书共 8 章：第 1 章为计算机基础，介绍计算机基本设置、工具软件及 Windows 7 操作系统的常用操作；第 2、3 章为 Office 2010 中的 Word、PowerPoint 和 Excel 的使用；第 4 章为可视化计算之 Raptor 的使用，通过丰富的例题介绍 Raptor 软件的应用；第 5 章为数据科学实践，介绍当前流行的 R 语言以及 Scilab 软件的操作；第 6 章是 Access 2010 数据库的基本操作；第 7 章是网络基础，包括基本操作以及网页制作等；第 8 章为压缩软件、虚拟光驱、Visio 制图、图片处理等其他常用软件的操作。

本书既可以作为大学计算机基础课程的实验指导书，也适合自学者使用。

未经许可，不得以任何方式复制或抄袭本书之部分或全部内容。

版权所有，侵权必究。

图书在版编目(CIP)数据

计算机科学基础实验指导 / 沈睿，冯晓霞编著. —3 版. —北京：电子工业出版社，2017.9
ISBN 978-7-121-32258-7

Ⅰ. ① 计⋯　Ⅱ. ① 沈⋯ ② 冯⋯　Ⅲ. ① 计算机科学－高等学校－教材　Ⅳ. ① TP3
中国版本图书馆 CIP 数据核字（2017）第 173694 号

策划编辑：章海涛
责任编辑：章海涛　　　　特约编辑：曹剑锋
印　　刷：北京虎彩文化传播有限公司
装　　订：北京虎彩文化传播有限公司
出版发行：电子工业出版社
　　　　　北京市海淀区万寿路 173 信箱　邮编　100036
开　　本：787×1092　1/16　　　印张：13.25　　字数：360 千字
版　　次：2012 年 8 月第 1 版
　　　　　2017 年 9 月第 3 版
印　　次：2024 年 7 月第 11 次印刷
定　　价：30.00 元

前　言

本书面向大学各学科学生，可作为计算机科学基础课程的实验教材以及计算机科学基础学习的入门教材。大学计算机与数学、外语等课程一起被列为高校的公共基础课，随着整个社会信息化程度的推进，不少地区的中小学阶段也引入了计算机方面课程的教学，因此在大学阶段的学习应该更注重计算机的基本理论、系统构成和算法等知识的学习。

当然，由于地域差异，中小学阶段学习计算机内容也存在着差异，鉴于此，根据多年计算机基础课程建设的经验，我们将大学计算机基础课程的部分实验要求设置成了基本操作和高级操作两部分，并依此编写了本书。"基本操作"适合对计算机使用不是很熟悉的学生。具有一定操作使用经验的学生可选学"高级操作"。

本书可与理论教材《数据与计算——计算机科学基础（第 3 版）》（ISBN 978-7-121-31669-2）结合使用，也可以单独作为相关实验课的教材。

本书以 Windows 7 和 Microsoft Office 2010 平台为基础编写。在内容的安排上较前一版增加了与算法、数据科学相关的实验内容，以更好地适应时代的变化和需求。

全书共 8 章。第 1 章为计算机基础，介绍计算机基本设置、工具软件及 Windows 7 操作系统的常用操作；第 2、3 章主要讲述 Office 2010 中的 Word、PowerPoint 和 Excel 的使用；第 4 章为可视化计算之 Raptor 使用，通过丰富的例题介绍 Raptor 软件的应用，从而更好地实践并理解算法；第 5 章为数据科学实践，介绍当前非常流行的 R 语言以及 Scilab 软件的操作；第 6 章是 Access 2010 数据库的基本操作；第 7 章是网络基础，包括基本操作以及网页制作等；第 8 章为压缩软件、虚拟光驱、Visio 制图、图片处理等其他常用软件的操作。

本书给出了实验的详细步骤，以引导读者一步一步、循序渐进地完成操作。也就是说，读者完全可以通过自学完成这些实验。同时，本书详细介绍了相应部分的知识点，供读者学习之用；各章均给出了一些操作题，供读者进一步练习以强化软件操作能力。需要在此说明的是，本书介绍的实验内容只是计算机常用软件中的一小部分。从使用角度看，大多数应用软件的使用操作是相似的，特别是基于 Windows GUI 环境下的各种软件资源都是同源的，也就是说，有了以上常用软件的使用基础，学习和使用其他软件将是一件容易的事情，这也是本门课程的教学要达到的目的。

本书第1、4、7章由沈睿老师编写，第2、3、5、6、8章由冯晓霞老师编写。本书是浙江大学计算机基础课程多年建设的成果，凝聚了整个教学团队的集体智慧，在编写过程中，基础教学中心的许多老师给予了大力支持和帮助，在此对所有老师深表感谢。另外，特别感谢许端清教授、陆汉权教授、章文等老师为本书提出的许多宝贵意见，同时衷心感谢出版社在本书的整个出版过程中提供的大力支持。

由于作者水平有限，书中难免会有错误和不妥之处，恳请广大读者批评指正。

本书为任课教师提供配套的教学资源（包含电子教案、习题参考答案、书中用到的数据文件），需要者可登录华信教育资源网站（http://www.hxedu.com.cn），注册之后免费下载。

作　者

目　　录

第 1 章　计算机基础

实验一　微型计算机设置

✿ 设置硬件参数（BIOS 设置）
✿ 硬盘分区

实验二　系统工具软件的使用

✿ Windows 优化大师的基本使用
✿ AIDA64 的基本使用
✿ Ghost 的基本使用
✿ EasyRecovery 的基本使用
✿ VMware WorkStation 虚拟机的基本使用

实验三　Windows 7 基本操作

✿ 认识 Windows 7 的桌面
✿ 文件和文件夹的操作
✿ 控制面板的使用
✿ 常用附件的使用
✿ 使用 Windows 7 联机帮助

实验四　Windows 7 高级操作

✿ 磁盘管理
✿ Windows 7 的任务管理
✿ 虚拟内存的设置
✿ 设置多个用户使用环境
✿ Windows 7 的备份和还原

实验一　微型计算机的设置

一、实验目的

了解 BIOS 在计算机系统中的作用，掌握微型计算机的硬件参数设置方法。

二、实验任务与要求

1．了解 BIOS 包含的项目，根据需要对常见的硬件参数进行设置和调整。
2．实现硬盘分区。

三、实验步骤与操作指导

【题目 1】设置硬件参数（BIOS 设置）

BIOS（Basic Input Output System）即基本输入/输出系统，是固化在计算机主板上的 ROM 芯片中的一组程序，保存着计算机最重要的基本输入/输出程序、系统设置信息、开机上电自检程序和系统启动自举程序等。其主要功能是为计算机提供底层的、最直接的硬件设置和控制。

CMOS 是指互补金属氧化物半导体（一种大规模应用于集成电路芯片制造的原料），是主板上的可读/写的 RAM 芯片，存储了系统的实时时钟信息和硬件配置信息等。在加电引导计算机时，通过读取 CMOS 信息，计算机初始化各部件的状态。系统电源和主板的电池可以为 CMOS 持续供电，因此系统掉电时，信息也不会丢失。

CMOS 和 BIOS 都与系统设置密切相关，所以对于 CMOS 设置和 BIOS 设置经常容易混淆。事实上，CMOS RAM 是系统参数存放的地方，本身只是一块存储器，只有数据保存功能，而 BIOS 的系统设置程序是完成参数设置的手段。BIOS 提供了 4 个功能：加电自检及初始化、系统设置、系统引导和基本输入/输出系统。其中，系统设置功能用于设定系统部件配置的组态。当系统部件与原来存放在 CMOS 中的参数不符合、CMOS 参数丢失或系统不稳定时，都需要进入 BIOS 设置程序，重新配置正确的系统组态。新安装的系统也需要进行设置，才能使系统工作在最佳状态。在开机时，通过特定的按键就可进入 BIOS 设置程序，方便地对系统进行设置。

BIOS 设置程序中主要的设置功能如下。

❖ 基本参数设置：系统时钟、显示器类型、启动时对自检错误处理的方式。
❖ 驱动器设置：是否自动检测 IDE 接口、启动引导顺序、软盘/硬盘/光驱参数。
❖ 键盘设置：加电时是否检测键盘、键盘类型、按键重复速率、按键延迟等。
❖ 存储器设置：存储器容量、读/写时序、奇偶校验、ECC 校验、内存测试等。
❖ Cache 设置：内/外 Cache、Cache 地址/大小、BIOS 显卡 Cache 设置等。
❖ ROM Shadow 设置：ROM BIOS Shadow、Video RAM Shadow、各种接口卡的 ROM/RAM Shadow 等。
❖ 安全设置：防病毒、硬盘分区表保护、开机口令、安装口令等。
❖ 总线参数设置：AT 总线时钟、AT 周期等待状态、内存读/写定时、Cache 读/写定时、DRAM 刷新周期、刷新方式等。
❖ 电源管理设置：进入节能状态的等待延时时间、唤醒功能、IDE 设备断电方式、显示器断电方式等。

❖ PCI 总线设置：即插即用功能设置、PCI 插槽 IRQ 中断请求号、PCI IDE 接口 IRQ 中断请求号、CPU 向 PCI 写入缓冲、总线字节合并、PCI IDE 触发方式、PCI 突发写入、CPU 与 PCI 时钟比率等。

❖ 主板集成接口设置：主板上的 FDC 软驱接口、串口/并口、IDE 接口的允许/禁止状态、串口/并口 I/O 地址、IRQ 及 DMA 设置、USB 接口等。

不同的主板会有不同的 BIOS。目前常见的 BIOS 主要有 Award、AMI、Phoenix 等。Phoenix BIOS 一般用于笔记本电脑中，台式计算机的主板 BIOS 主要是 Award BIOS 和 AMI BIOS。下面以 Award BIOS 为例介绍 BIOS 的常用设置。

1. 进入 BIOS

开机或重新启动计算机后，BIOS 开始自检并启动计算机，当屏幕下方出现提示信息时，按 Delete 键（不同的主板提示信息会有所不同，某些主板按 F2 键或 Ctrl+Delete+Esc 组合键，具体要看屏幕上的提示）就可以进入如图 1.1 所示的 BIOS 主界面（主菜单）。

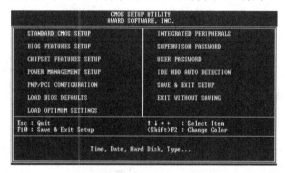

图 1.1　BIOS 主界面

注意：如果 Delete 键按迟了，计算机将会启动操作系统，所以在开机后应立刻按住 Delete 键直到进入 BIOS。在 BIOS 主菜单中可以看到不同的设置选项，各选项的功能如表 1.1 所示，可以按方向键进行选择，同时在界面的下面会显示相应选项的主要设置内容。

表 1.1　Award BIOS 主菜单

功能选项	中文含义	功能说明
STANDARD CMOS SETUP	标准 CMOS 设定	设定日期、时间、软盘/硬盘规格、工作类型及显示器类型
BIOS FEATURES SETUP	BIOS 功能设定	设定 BIOS 的特殊功能，例如病毒警告、开机磁盘启动顺序等
CHIPSET FEATURES SETUP	芯片组特性设定	设定 CPU 工作相关参数
POWER MANAGEMENT SETUP	省电功能设定	设定 CPU、硬盘、显示器等设备的省电功能
PNP/PCI CONFIGURATION	即插即用设备与 PCI 组态设定	设置 ISA、其他即插即用设备的中断及其他参数
LOAD BIOS DEFAULTS	载入 BIOS 预设值	载入 BIOS 初始设置值
LOAD OPTIMUM SETTINGS	载入主板 BIOS 出厂设置	BIOS 的最基本设置，用来确定故障范围
INTEGRATED PERIPHERALS	内建整合设备周边设定	主板整合设备设定
SUPERVISOR PASSWORD	超级用户密码	设置进入 BIOS 修改的设置密码
USER PASSWORD	用户密码	设置开机密码
IDE HDD AUTO DETECTION	自动检测 IDE 硬盘类型	自动检测硬盘容量、类型
SAVE&EXIT SETUP	保存并退出设置	保存已更改的设置，然后退出 BIOS 设置
EXIT WITHOUT SAVING	不保存退出	放弃修改，沿用原有设置并退出 BIOS

选定选项后，按 Enter 键进入子菜单，进行具体设置，按 Esc 键返回父菜单，按 F10 键保存并退出 BIOS 设置。

2. 标准 BIOS 设置

在主菜单中选择"STANDARD CMOS SETUP"（标准 CMOS 设定），然后回车（按 Enter 键），进入标准设置界面。标准 BIOS 设置包含日期/时间设置、软盘/硬盘设置、显示标准设置、自检错误停机设置，并提供内存的分配信息。

① Date 选项设置日期。日期的格式为<星期>、<月份>、<日期>、<年份>，除星期由计算机根据日期来计算以外，其他可以依次移动光标用数字键输入，也可以使用 Page Up/Page Down 键来修改。

② Time 选项设置时间。格式为<时>、<分>、<秒>，可以用与修改日期一样的方法进行修改。

③ 硬盘设置。如果更换了硬盘，先要在 BIOS 中对硬盘参数进行设置，分别选择"Primary Master（第一个 IDE 主控制器）"、"Primary Slave（第一个 IDE 从控制器）"、"Secondary Master（第二个 IDE 主控制器）"、"Secondary Slave（第二个 IDE 从控制器）"，回车；进入下一级菜单，然后选择"IDE HDD Auto-detection"选项；回车后，系统将自动检测 IDE 设备，并会在此界面中列出容量、型号等信息。

提示：为了避免每次安装硬盘都要检测硬盘参数，建议将"Primary Master"等其他 4 个选项全部设置为"AUTO"，这样以后每次换硬盘时就不用重新设置 BIOS 中的硬盘参数了，因为系统将会自动检测并做修改

④ HALT ON 设置。这是错误停止设定，用来设置系统自检遇到错误的停机模式，即在什么情况下停止计算机的启动，有下列选项：ALL ERRORS，系统检测到任何错误时将停机；NO ERRORS，当 BIOS 检测到任何非严重错误时，系统都不停机；ALL BUT KEYBOARD，除了键盘以外的错误，系统检测到任何错误都将停机；ALL BUT DISKETTE，除了磁盘驱动器的错误，系统检测到任何错误都将停机；ALL BUT DISK/KEY，除了磁盘驱动器和键盘外的错误，系统检测到任何错误都将停机。如果发生以上错误，那么系统将会停止启动，并给出错误提示。通常将 HALT ON 设为"ALL BUT KEYBOARD"。

设置完成后，按 Esc 键，回到 BIOS 设置主界面。

3. 启动顺序设置

计算机的启动先要通过主板的 BIOS 进行自检，自检后，BIOS 将从某个驱动器引导装入操作系统。BIOS 会按给定的磁盘启动顺序自动查找驱动器，发现哪个驱动器中有操作系统，就用此驱动器的系统引导，否则将继续查找。启动驱动器的顺序可以是软盘、硬盘和光盘等。如果要安装新的操作系统，一般要将计算机的启动顺序改为先由光盘（CD-ROM）启动。

在 BIOS 主菜单中，选择"BIOS FEATURES SETUP"，回车，进入设置界面。通过上下键移动找到设置项"BOOT SEQUENCE（开机优先顺序）"，这是我们常常调整的功能，可以用 Page Up/Page Down 键来修改。如果需要从光盘启动，那么可以调整为 ONLY CDROM，正常运行最好调整由 C 盘启动。

4. 密码设置

为了个人隐私和重要资料不被别人窃取，设置开机密码是非常必要的。BIOS 主菜单中有两个设置密码的选项："SUPERVISOR PASSWORD（设置超级用户密码）"和"USER PASSWORD（设置用户密码）"。这两个密码的根本区别在于 BIOS 的修改权。"用户密码"只用于启动计算机，

即进入系统；而"超级用户密码"不但可以开机进入系统，而且能进入 BIOS，进行所有内容的设置。超级用户密码和用户密码最多包含 8 个数字或字符，且区分大、小写。

密码设置的方法如下。

❶ 在 BIOS 主菜单中，选择"BIOS FEATURES SETUP"项，然后移动光标键选择"Security Option（安全选项）"项后，用 Page Up 或 Page Down 键把选项改为"System"。

"Security Option"有两个参数："Setup"和"System"，表示 BIOS 密码的两种状态。如果选择"Setup"状态，则在开机的时候不会出现密码输入提示，只有在进入 BIOS 设置时才要求输入密码。密码设置的目的在于禁止未授权用户设置 BIOS，保证 BIOS 设置的安全。如果选择"System"状态，则每次开机启动时都会要求输入密码（输入超级用户密码或用户密码中的一个即可），此密码的设置目的在于禁止他人使用此计算机。如果设置了 System 密码，安全性则更高一些。

❷ 按 Esc 键，回到 BIOS 主菜单。

❸ 选择"SUPERVISOR PASSWORD"或"USER PASSWORD"之一后回车，出现"Enter Password"对话框，输入密码。在输入时，屏幕上不会显示输入的密码，输入后回车，紧接着出现"Confirm Password"对话框，要求再次输入密码。如果两次密码相同，密码就被记录在 BIOS 中。如果想取消密码，只需在要求输入新密码时直接回车，这时显示"PASSWORD DISABLED"，即取消密码。

密码设置后需要牢记，如果不小心忘了密码，则需要给 CMOS 芯片短路放电。方法是：打开机箱，在主板上找到主板电池，在电池的旁边会发现一个 CMOS 芯片短路插座（主板不同，该插座的位置也不一样，请参见主板说明书），此插座用于给 CMOS 芯片短路放电。短路放电后，BIOS 中的修改信息就全部恢复为出厂设置。

5. 离开 BIOS

BIOS 设置完成后，在主菜单中选择"SAVE & EXIT SETUP"，回车或直接按 F10 键，如果要保存，按 Y 键即可保存退出。如果只是想试试，不想保存修改设置，可以选择主菜单中的"EXIT WITHOUT SAVING"，回车后输入"Y"，离开 BIOS。

【题目 2】硬盘分区

安装了 Windows 7 后，可以对磁盘进行分区。一个物理硬盘往往分为几个逻辑分区，每个分区系统会分配或指定一个盘符，如 C:、D:等。我们可以利用 Windows 7 自带的分区工具进行分区。

本题要求将原有的 F 盘（也可以是其他盘）分为两个区。

❶ 在桌面上（或"开始"菜单中）右键单击"计算机"，在弹出的快捷菜单中选择"管理"命令，出现"计算机管理"窗口，在窗口的左窗格展开"存储"项，选择"磁盘管理"，右窗格中就会出现逻辑分区的信息，类似图 1.2（但没有右下方的"可用空间"块）。

图 1.2　"计算机管理"窗口

❷ 在"计算机管理"窗口的右窗格中，右键单击要分割的磁盘，如 F 盘，在弹出的快捷菜单中选择"压缩卷"命令，出现如图 1.3 所示的"压缩 F:"对话框，在"输入压缩空间量"中输入分区要减少的容量，如 10000，单击"压缩"按钮，开始压缩。

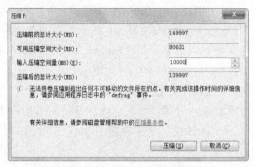

图 1.3 "压缩 F:"对话框

❸ 完成压缩后，在原分区后面会出现"可用空间"块。

❹ 右键单击"可用空间"，在弹出的快捷菜单中选择"新建简单卷"命令，在出现的"新建简单卷向导"中单击"下一步"按钮。

❺ 输入新分区的容量，或采用默认值，再单击"下一步"按钮。

❻ 给新分区分配一个盘符，一般选择默认盘符（如 H:），再单击"下一步"按钮。

❼ 设置分区格式（一般为 NTFS）并输入卷标，再单击"下一步"按钮。

❽ 系统开始格式化新分区，最后单击"完成"按钮。

这样一个大分区就被分成两个分区了，在本题中即把 F 盘分成了 F 盘和 H 盘。新的分区 H 盘现在可以使用了，而且原分区 F 盘中的数据仍然保留。

四、操作题

1. 尝试为自己的计算机设置 6 位开机密码，简述实现过程。
2. 尝试为自己的计算机硬盘中最后一个逻辑分区划出一块空间，作为新分区。
3. 简述 CMOS 和 BIOS 以及它们的联系。

实验二　系统工具软件的使用

一、实验目的

1. 了解常用的系统工具软件的用途。
2. 掌握常用的系统工具软件的使用。

二、实验任务与要求

1. 使用 Windows 优化大师进行优化。
2. 使用 AID64 进行软件/硬件测试。
3. 使用 EasyRecovery 软件进行数据恢复。
4. 安装 VMware WorkStation 虚拟机，并使用虚拟机。

三、实验步骤与操作指导

【题目 3】Windows 优化大师的基本使用

Windows 优化大师是一款功能强大的系统工具软件，提供了全面、有效且简便、安全的系统检测、系统优化、系统清理、系统维护四大功能模块，能够有效地帮助用户了解自己的计算机软件/硬件信息、简化操作系统设置步骤、提升计算机运行效率、及时清理系统运行时产生的垃圾、修复系统故障和安全漏洞以及维护系统的正常运转。该软件可以在其官网 http://www.youhua.com/ 免费下载，下载后运行安装程序，根据安装向导逐步完成安装即可。

1. 自动优化

优化大师的自动优化功能能够快速而简便地实现对系统的优化、维护和清理，让计算机系统始终保持最佳状态，具体步骤如下：

❶ 启动 Windows 优化大师，单击主窗口右侧的"自动优化"按钮，进入自动优化窗口，如图 1.4 所示。

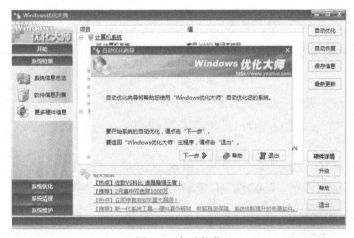

图 1.4　自动优化

❷ 单击"下一步"按钮，选择 Internet 接入方式、分析选项等。

❸ 自动优化窗口将显示优化组合方案。单击"下一步"按钮，进入自动优化过程（在优化前，软件会提示是否备份注册表，一般建议在自动优化或清理前备份注册表）。

❹ 注册表备份结束后，进行自动优化分析扫描。

❺ 分析完毕后，单击"详细信息"按钮，可以查看扫描到的结果。单击"下一步"按钮，选择删除扫描到的冗余或无效项目，如果不需要删除，单击"退出"按钮，将直接退出自动优化。

2. 开机速度优化

如果开机速度较慢，可以进行开机速度优化的操作。优化大师主要通过减少引导信息停留时间和取消不必要的开机自运行程序来提高计算机的启动速度，具体操作步骤如下：

❶ 在主窗口中选择"系统优化"，单击"开机速度优化"（如图 1.5 所示）。

❷ 使用鼠标拖动"Windows 7 启动信息停留时间"滑块，修改启动信息的停留时间。

❸ 在"请勾选开机时不自动运行的项目"提示信息下方的列表框中，根据需要，取消开机时不需要自动运行的程序前的勾选。

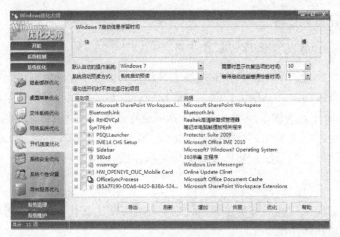

图 1.5　开机速度优化

❹ 设置完成后，单击"优化"按钮。下次重启计算机后会发现，被选中的程序开机后将不会自动运行。

注意： 修改开机自动运行程序时，应保留系统的杀毒工具、防火墙、驱动程序及输入法等，如果对某些开机程序的功能不明确，可在程序列表框中双击该程序选项，Windows 优化大师会给出说明和建议。

3. 清理磁盘

为了提高计算机的运行速度，我们需要定期清理系统，除去计算机内多余的"垃圾"，具体步骤如下：

❶ 在主窗口中选择"系统清理"，单击"磁盘文件管理"（如图 1.6 所示）。

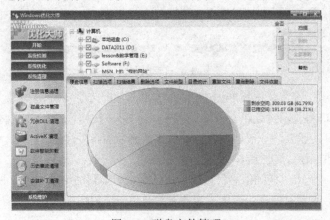

图 1.6　磁盘文件管理

❷ 进入磁盘文件管理。优化大师将当前硬盘使用情况以饼状图方式进行显示。根据需要在驱动器和目录选择列表中选择要扫描分析的驱动器或目录，然后单击"扫描"按钮。

❸ 分析到的每个垃圾文件都将被添加到分析结果列表中，直到分析结束或被用户终止。

展开"扫描结果"列表中的项目，有该项目的进一步说明，包括：文件名、文件大小、文件类型、文件属性、文件创建时间、上次访问时间和上次修改时间等。

❹ 扫描结束后，单击"删除"按钮，删除分析结果列表中选中的项目，或单击"全部删除"按钮，清除分析结果列表中的全部文件。

4．磁盘碎片整理

系统使用的时间长了，自然会产生磁盘碎片，而过多的碎片不仅会导致系统性能降低，还可能造成存储文件的丢失，严重时甚至缩短硬盘寿命。磁盘碎片分析和整理能够显示硬盘上的文件碎片情况并进行整理。具体步骤如下：

❶ 在主窗口中选择"系统维护"，单击"磁盘碎片整理"（如图 1.7 所示）。

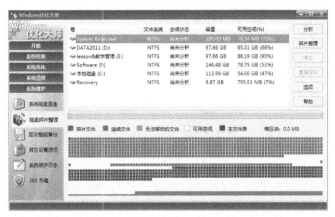

图 1.7　磁盘碎片整理

❷ 进入磁盘碎片整理。选择需要整理的磁盘，单击"分析"按钮。分析完毕后，在弹出的对话框中会显示该磁盘中碎片文件和文件夹的百分比，以及建议是否进行碎片整理。

❸ 若分析报告中建议进行整理，单击"碎片整理"按钮即可。

【题目 4】AIDA64 的基本使用

AIDA64 是一款测试软/硬件系统信息的工具，可以详细显示计算机的各方面的信息。它的前身是 EVEREST。这款软件不仅提供了诸如协助超频、硬件侦错、压力测试和传感器监测等多种功能，还可以对处理器、系统内存和磁盘驱动器的性能进行全面评估。

由于 AIDA64 能详细列出计算机所有的硬件配置信息，因此我们在购置计算机时，可以将其作为验机软件，来判断所购计算机硬件配置的真伪和性能。

AIDA64 的界面非常友善，使用起来很像 Windows 的资源管理器，左窗格是树状目录，右窗格是具体内容，如图 1.8 所示。

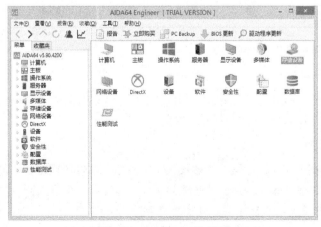

图 1.8　AIDA64 工作界面

1．查询下列硬件信息，记录在实验报告中

❖ CPU：型号、工作频率、倍频、FSB 频率，是否超频。
❖ 主板信息：主板型号、生产商、芯片组型号、PCI 插槽和内存插槽的数目、主板集成设备。
❖ BIOS：类型及版本。
❖ 内存信息：内存条名称、数目、容量。
❖ 硬盘信息：硬盘规格、生产商、容量、转速。
❖ 显示器信息：名称、规格、最大分辨率。
❖ 温度信息：显示主板、CPU、硬盘的当前温度。

2．操作步骤

❶ 在图 1.8 所示的左窗格中打开"菜单"选项卡中的"计算机"目录：单击"超频"，查看 CPU 的相关信息；单击"传感器"，查看硬件温度信息。

❷ 在主窗口打开"菜单"选项卡中的"主板"目录：单击"主板"，查看主板的相关信息；单击"SPD"，查看内存的相关信息；单击"BIOS"，查看 BIOS 的类型及版本。

❸ 在主窗口打开"菜单"选项卡中的"存储器"目录：单击"ATA"，查看硬盘信息。

❹ 在主窗口打开"菜单"选项卡中的"显示设备"目录：单击"显示器"，查看显示器信息。

❺ 单击主窗口上方工具栏的"报告"按钮，再单击"下一步"按钮，启动报告向导，选中"自定义选择"单选按钮，单击"下一步"按钮，打开列表框中的"性能测试"目录，选中"内存读取"复选框，单击"下一步"按钮，选中"HTML"报告格式，单击"完成"按钮。

注意：输出报告中加粗字体的一行为当前计算机的测试数据，而其他各行为不同的 CPU、主板、内存配置情况下的测试数据。

【题目 5】EasyRecovery 的基本使用

硬盘数据恢复是指在硬盘发生故障不能读取数据，或由于人为操作失误，或病毒侵袭，造成硬盘分区或数据丢失时，使用专门的设备、软件等技术手段，将数据从硬盘上提取出来的服务。

在众多的数据恢复软件中，EasyRecovery 是一款威力强大的硬盘数据恢复软件，它是世界著名数据恢复公司 Ontrack 的技术杰作，具有恢复丢失的数据及重建文件系统的功能，其专业版更囊括了磁盘诊断、数据恢复、文件修复、E-mail 修复等数据文件修复和磁盘诊断方案。

EasyRecovery 不会向原始驱动器写入任何东西，主要通过在内存中重建文件分区表使数据能够安全地传输到其他驱动器中，可以从被病毒破坏或已经格式化的硬盘中恢复数据。该软件可以恢复大于 8.4 GB 的硬盘，支持长文件名，被破坏硬盘中丢失的引导记录、BIOS 参数数据块、分区表、FAT 表等都可以由它来进行恢复。

1．认识 EasyRecovery

运行 EasyRecovery，打开软件主界面，如图 1.9 所示。软件主要包括磁盘诊断、数据恢复、文件修复、邮件修复四项功能，还有专门的救援中心。

2．恢复已删除文件

按 Delete 键删除某个文件时，该文件被移入了回收站，通过还原操作，它可以被重新放回原来的存储位置。如果是按 Shift+Delete 键删除某文件，该文件将不进入回收站而被彻底删除。那么，这样的文件是不是就无法恢复了呢？其实这样删除的文件，其文件结构信息仍然存在硬盘上，只要相应的存储区域没有被新的内容覆盖，就可以通过软件的数据恢复功能恢复。

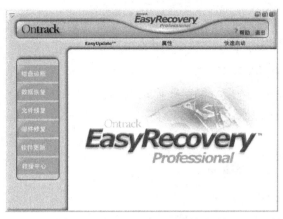

图 1.9　EasyRecovery 工作主界面

❶ 在主界面中选择"数据恢复"。

❷ 单击"删除恢复"按钮，选择被删除文件所在的分区，在窗口右下方的文件过滤器中标注要恢复文件的文件名、扩展名，也可以直接单击"下一步"，该软件将扫描整个分区以前被删除的文件信息，得到可恢复的文件夹和文件名。

❸ 选择要恢复的文件，单击"下一步"，设置恢复后文件存放的目的分区，单击"完成"按钮即可。

3. 修复受损文件

Office 文件（Access、Word、Excel、PowerPoint）或者 ZIP 文件受损无法打开时，如果损坏不是特别严重，也可以使用软件进行修复并重新使用，具体步骤如下：

❶ 在主界面中选择"文件修复"。

❷ 选择要修复的受损文件类型。

❸ 单击"浏览"按钮，选择要修复的文件，再单击"下一步"（修复时要求关闭该类型文件的运行程序，如修复 Word 文档时要关闭 Word 程序）。

❹ 进入修复过程，生成修复报告，完成修复。

【题目 6】VMware WorkStation 虚拟机的基本使用

虚拟机（Virtual Machine）指通过软件模拟的、具有完整硬件系统功能的、运行在一个完全隔离环境中的计算机系统。构建虚拟机需要通过在当前使用的物理机上安装专用的虚拟机软件去实现，虚拟机中可以运行自己的操作系统和应用程序，就好像它是一台物理计算机一样，包含虚拟（即基于软件实现的）的 CPU、RAM、硬盘和网络接口卡（NIC）等。当然，这些设备事实上还是真实计算机（即物理机）中相应的设备。

通过安装虚拟机，可以使一台物理计算机变为多台计算机。在缺乏多台设备的情况下，可以模拟组网实验，也可以在一台计算机中使用不同的操作系统，如原操作系统是 Window XP，你可以在虚拟机中使用 Windows 7 系统，也可以加载其他公司的产品，如 Mac OS、Linux 等。

目前流行的虚拟机软件有 VMware 和 Virtual PC。VMware WorkStation 是 VMware（威睿）公司的一款虚拟机软件，相对于 Virtual PC，其运行速度更快、功能更强大，支持更多操作系统的安装，包括 Linux、OS/2、FreeBSD 等。该软件可以同时在 Windows 操作系统上运行多个操作系统，但与多启动系统是完全不同的方式。在多启动系统中，同一时刻只能运行一个系统，在系统切换时需要重新启动计算机，而在虚拟机方式中，多个系统平台可以同时运行在主系统中，并可以像

Windows 应用程序一样随时切换。也就是说，每个操作系统都有自己独立的虚拟机，如同一台独立的计算机一样，安装时也不需要对硬盘重新进行分区。

1. 安装 VMware WorkStation

❶ 确认物理机是否支持软件安装的基本要求，包括：

❖ 处理器：64 位 x86 CPU，主频 1.3 GHz 以上，如果要支持 Windows7 Areo 效果，需要使用 Intel Dual Core 2.2 GHz 以上的 CPU 或者 AMD Athlon 4200+以上的 CPU。

❖ 内存：最低 1 GB，建议 2 GB 以上，如果要支持 Windows7 Areo 效果，则需要 3 GB 以上。

❖ 显卡：16 位或 32 位，建议采用最新的显卡。

❖ 硬盘：建议至少 1 GB 空闲空间。

❖ 主系统：Windows 2000 以上版本或者 Linux 系统。

❷ 获取 VMware WorkStation 软件，并安装。

运行安装程序，完成安装，工作主界面如图 1.10 所示。

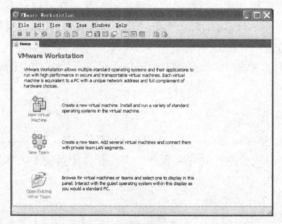

图 1.10　VMware Workstation 工作主界面

2. 构建虚拟机并安装客户机操作系统（如主系统是 Windows XP，构建 Windows 7 客户机）

❶ 单击"文件（File）→新建（New）→虚拟机（Virtual Machine）"，也可以直接单击主窗口中的"新建虚拟机（New Virtual Machine）"图标，启动创建新虚拟机的向导。

❷ 出现如图 1.11 所示的对话框，选择"典型（Typical）"（该方式构建较简易），再单击"下一步（Next）"按钮，进入客户机安装程序的选择窗口。

❸ 如果操作系统安装文件来自光盘，可选择光驱。如果是 ISO 文件，则选择来自磁盘镜像文件，即单击"浏览（Browse）"按钮，选择该 ISO 文件，如图 1.12 所示。单击"下一步（Next）"按钮。

❹ 进入 Windows 7 系统安装配置过程，输入序列号、设置用户名、密码等，如图 1.13 所示。

❺ 单击"下一步（Next）"按钮，命名虚拟机，设定放置位置。

❻ 确定虚拟机的磁盘容量大小以及文件数量，单击"下一步（Next）"按钮，窗口将显示配置信息，如图 1.14 所示，再单击"完成（Finish）"按钮，开始启动虚拟机并安装操作系统。（该安装过程与在真正的物理机上是一样的。）

3. 启动使用虚拟机

❶ 在主窗口中单击"打开已有的虚拟机（Open Existing VM or Team）"，弹出"打开（Open）"

图 1.11　安装方式的选择

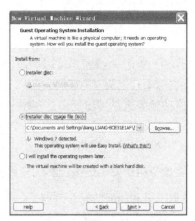

图 1.12　安装文件的选择

图 1.13　Windows 7 安装设置

图 1.14　配置信息

窗口，选择生成的 VMX 文件，单击"打开（Open）"按钮，则窗口中出现有关 Windows 7 状态等信息，如图 1.15 所示。

❷　单击窗口中的 ▶ 按钮，启动已安装成功的 Windows 7 系统。接下来就可以使用这台装有 Windows 7 操作系统的虚拟机了，就像一台真正的物理机一样，如图 1.16 所示，窗口还运行着一个"计算器"程序。

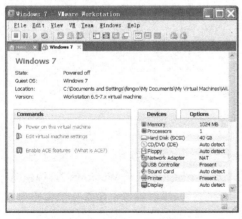

图 1.15　打开已有的虚拟机

图 1.16　启动 Windows 7 后的窗口

❸ 在"开始"菜单中选择"关机"，关闭 Windows 7。再单击"VMware Workstation"窗口中的"关闭"按钮，关闭"VMware Workstation"窗口。

说明：① 单击▣按钮，可以关闭虚拟机，但可能造成正在访问的数据的丢失，并且下次启动时，会提示用户上次没有正常关闭操作系统。

② 启动虚拟机也可以使用"视图（View）"菜单的"侧边栏（Sidebar）"命令打开左窗格，在左窗格的"我的收藏（Favorites）"中找到"Windows 7"并单击右键，在弹出的快捷菜单中选择"Open"命令，在右窗格中就会有 Windows 7 状态等信息，再使用▷按钮。

4. 在虚拟机中安装或运行其他应用程序

启动虚拟机和相应的操作系统后，运行应用程序的安装程序，就可以安装其他应用程序，如 Office 等。如果要运行其他应用程序，则可以在虚拟机获得焦点的情况下，使用虚拟机中的"开始"菜单，或双击其桌面或资源管理器中的应用程序（或快捷方式）图标即可。

图 1.17 启动虚拟机

5. 利用虚拟机模拟 Phoenix BIOS

在虚拟机开机时，即单击▷按钮后，窗口中显示如图 1.17 所示的信息时按 F2 键，可进入虚拟机 SETUP。在 SETUP 中可以设置启动顺序光驱（CD-ROM Drive）为第一启动设备；可以在"Main"菜单下查看系统内存等信息；可以在"Security"菜单下设置超级用户密码，如 abc。

注：如果使用的是 Mac 系统，但也想用 Window 系统，可以采用虚拟机的方式去实现。

四、实验报告

1．利用 Windows 优化大师"优化工具箱"中的"文件粉碎"功能，粉碎某个不再需要的文件。新建一个 t.txt 文件，其内容为"Hello World"，利用"优化工具箱"中的文件加密将其加密（T.txt.womec）；再利用记事本打开加密后的文件（T.txt.womec），观察其效果；最后对 T.txt.womec 进行解密。利用"系统维护"对"显示适配器"进行驱动程序备份。

2．请以表格形式记录在 AIDA64 软件中查询获知的硬件参数值。

（1）CPU：型号、工作频率、倍频数、FSB 频率。

（2）内存：数目、容量。

（3）硬盘：规格，容量和转速。

（4）BIOS：类型及版本。

（5）主板信息：主板型号、生产商、芯片组型号、PCI 插槽和内存插槽的数目。

（6）温度信息：显示主板、CPU、硬盘的当前温度。

3．利用记事本建立一个文件，内含信息"Hello"。按 Shift+Delete 组合键，将其彻底删除（或先删除进入回收站，再从回收站删除），再利用 EasyRecovery 将其恢复。

4．安装虚拟机，使用与本地计算机不同的操作系统（如主系统是 Windows 7，构建 Windows 10 客户机），在虚拟机中安装一个其他应用程序，并运行之。设置虚拟机超级用户密码为 123，用户密码为 456。

实验三　Windows 7 基本操作

1985 年，Microsoft 公司推出了第一代视窗操作系统 Windows 1.0，在随后的近 30 年时间中，随着计算机硬件和软件系统的不断升级，视窗操作系统也在不断升级，从 Windows 95、NT、97、98、2000、ME、XP、Server、Vista，到 Windows 7 和 Windows 8、Windows 10，版本持续更新，各种版本的操作系统都以其直观的操作界面、强大的功能，使众多的计算机用户能够方便、快捷地使用自己的计算机，为人们的工作和学习提供了很大的便利。在此以 Windows 7 为例介绍操作系统的使用。

Windows 7 有专业版、企业版、家庭普通版等，各版本大部分基本操作是类似的，部分略有差异。

一、实验目的

1．熟悉 Windows 7 桌面环境、任务栏和"开始"按钮。
2．熟练掌握 Windows 管理文件和文件夹的方法。
3．掌握控制面板的使用。
4．学会使用 Windows 7 帮助中心。

二、实验任务与要求

1．自定义 Windows 7 桌面、任务栏和"开始"菜单。
2．掌握使用创建、复制、移动、重命名、删除文件和文件夹的方法。
3．学会使用控制面板中常用项目的配置方法。
4．学会使用多种附件工具，如画图、计算器等。
5．使用帮助系统查找需要的内容。

三、实验步骤与操作指导

【题目 7】认识 Windows 7 桌面

1．启动 Windows 7

❶ 打开显示器电源。
❷ 打开主机电源。
❸ 计算机开始进行硬件检测，之后引导 Windows 7 操作系统，如果没有设置登录密码，系统自动登录进入 Windows 7；如果设置了用户登录密码，则在登录界面中单击某用户账号前面的图标，出现密码输入框，输入正确的密码，回车，即可正常启动。

2．认识 Windows 7 的桌面

"桌面"是用户启动计算机登录到系统后看到的整个屏幕界面，是用户与计算机进行交流的窗口。通常，桌面上包括任务栏、各种项目图标。安装好中文版 Windows 7 并第一次登录系统后，可以看到一个非常简洁的桌面，如图 1.18 所示，在桌面的左上角只有一个回收站的图标，任务栏位于屏幕的底部，可以显示正在运行的程序，并可以在它们之间进行切换。桌面还包含"开始"按钮，使用该按钮可以访问程序、文件夹和设置计算机。

回收站图标

"开始"按钮

任务栏

图 1.18　Windows 7 的桌面

3. 鼠标的基本操作

❶ 指向：移动鼠标指针接触到某个对象，此时屏幕上通常会显示有关该对象的描述性消息。

❷ 单击（一次单击）：先将鼠标指针指向屏幕上某对象，然后按下左键并释放鼠标，将选中该对象。如果按下右键并释放鼠标，通常可以打开相应的快捷菜单。

❸ 双击：将鼠标指针指向屏幕上的对象，然后快速地单击两次左键，经常用于打开相应的程序或窗口。

❹ 拖曳：将鼠标指针指向某个对象后按住左键拖动，可以实现移动图标或改变窗口等操作。

4. 关闭计算机

图 1.19 "关机"菜单

使用完计算机后，应将其正确关闭，这不仅可以节能，还有助于计算机安全，并确保数据得到保存。

单击"开始"菜单中的"关机"按钮，即可关闭计算机。

也可以单击"关机"按钮旁边的小三角，打开如图 1.19 所示的菜单，选择"睡眠"，计算机进入睡眠状态时，显示器将关闭，而且通常计算机的风扇也会停止，Windows 将记住正在进行的工作，让计算机睡眠前不需关闭正在运行的程序或打开的文件。若要唤醒计算机，按计算机机箱上的电源按钮，将唤醒计算机，并立即恢复工作。

【题目 8】文件和文件夹的操作

文件是包含信息（如文本、图像或音乐）的集合。在计算机中，文件用图标表示，通过图标可以识别文件类型。文件夹则是存储文件的容器。用户可以将文件分门别类地存放在文件夹中，同时在文件夹中还可以存放其他文件夹，被称为"子文件夹"。

1. 设置文件夹选项

如果需要改变文件或文件夹的显示、打开等属性，可以按如下步骤操作：

❶ 右键单击"开始"按钮，选择"Windows 资源管理器"，打开"资源管理器"窗口。

❷ 单击"组织"按钮，选择"文件夹和搜索选项"命令，打开如图 1.20 所示的"文件夹选项"对话框。

❸ 打开"常规"选项卡，可以设置浏览文件夹的方式等。

❹ 打开"查看"选项卡，可以进行高级设置，如隐藏或显示已知文件类型的扩展名、是否显示隐藏文件等。

❺ 打开"搜索"选项卡，可以进行搜索选项的设置，如搜索内容、方式等。

2．设置查看方式

如果需要改变文件或文件夹在资源管理器中的查看方式，可以按如下步骤操作：打开"资源管理器"，单击"查看"菜单，如图 1.21 所示，单击所需的查看方式即可，还可以进行"排列方式"等设置。

图 1.20　文件夹选项

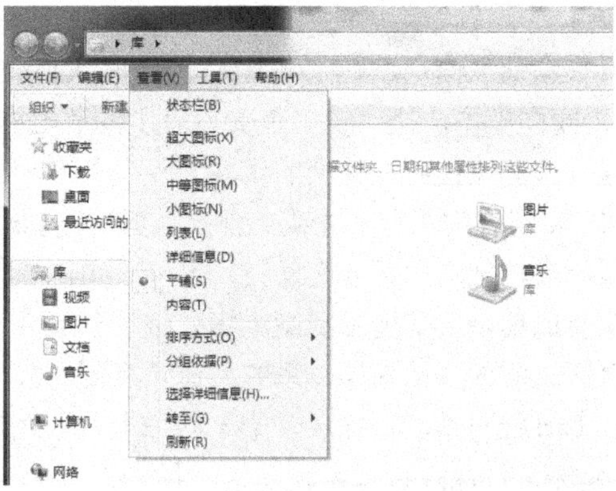

图 1.21　"查看"菜单

3．创建文件夹

在 D 盘根目录下创建如图 1.22 所示的树形目录。

图 1.22　树形目录

❶ 打开"资源管理器"窗口，在左窗格中选择"计算机"。

❷ 双击 D 盘图标，右窗格显示 D 盘上的所有文件和文件夹。

❸ 创建新文件夹。

方法一：在右窗格空白处单击右键，在出现的快捷菜单中选择"新建"→"文件夹"命令，然后输入文件夹名"student"，回车。

方法二：选择"文件"菜单的"新建"→"文件夹"命令，输入文件夹名"student"后回车。

如果没有"文件"菜单，可以单击窗口左上方的"组织"，选择"布局"→"菜单栏"，显示菜单栏。

❹ 双击刚建好的"student"文件夹，打开该文件夹窗口，然后重复第❸步，再新建两个文件夹，文件夹名分别为"user1"和"user2"。

❺ 双击刚建好的"user1"文件夹，打开该文件夹窗口，右键单击右窗格空白处，在出现的快捷菜单中选择"新建"→"文本文档"命令，然后输入文件名"p1"（默认扩展名为 .txt，可以利用"文件夹选项"显示已知文件类型的扩展名），回车。双击刚建好的文件 p1.txt，打开该文件，输入部分文字（内容任意），然后选择"文件"菜单的"保存"命令，最后关闭记事本。用同样的方法建立 p2.txt 文件。

4．选择文件和文件夹

❖ 单个文件或文件夹选择：单击文件或文件夹图标。

❖ 多个连续文件和文件夹选择：在右窗格中单击第一个文件或文件夹，然后按住 Shift 键，同时单击最后一个文件或文件夹，即可选中连续几个文件和文件夹。

❖ 多个不连续文件和文件夹选择：按住 Ctrl 键，用鼠标分别单击所需的文件或文件夹。

5. 复制、移动文件和文件夹

❶ 打开"资源管理器"。

❷ 找到并选中"user1"文件夹中的"p1.txt"文件。

❸ 选择"编辑"菜单的"复制"命令，或按 Ctrl+C 组合键，或单击右键，在弹出的快捷菜单中选择"复制"命令，则"p1.txt"文件被复制到剪贴板中。

❹ 找到并打开目的文件夹"user2"。

❺ 选择"编辑"菜单的"粘贴"命令，或按 Ctrl+V 组合键，或单击右键，在弹出的快捷菜单中选择"粘贴"命令，则"p1.txt"文件被复制到目的地。

❻ 用同样操作，把"user2"文件夹中的"p2.txt"文件复制到"user1"文件夹中。

注意：移动文件和文件夹的步骤与复制基本相同，只需将第❸步中的相应命令改为"剪切"或按 Ctrl＋X 组合键，则文件或文件夹被剪切到剪贴板中。

用鼠标直接拖动文件或文件夹，也可以实现移动或复制。如按住 Ctrl 键，用鼠标拖动文件或文件夹到目的地，就实现了复制。相同磁盘分区之间直接拖动鼠标的操作，系统默认是移动；不同磁盘分区之间的直接拖动，系统默认是复制。如果希望相同磁盘分区之间的拖动也是复制，则需要按住 Ctrl 键再拖动；如果希望不同磁盘分区之间的拖动是移动，则需要按住 Shift 键再拖动。

6. 重命名、删除文件和文件夹

❶ 打开"资源管理器"，查找并选中"p1.txt"文件。

❷ 单击右键，在弹出的快捷菜单中选择"重命名"命令，输入"test.doc"后回车。可以发现，文件图标已不同于"p1.txt"的文件图标。

注意：不要把文件改名为"test.doc.txt"，避免的方法是显示已知文件类型的扩展名。

❸ 选择"test.doc"文件，单击"文件"菜单中的"删除"命令或直接按 Delete 键，在弹出的"删除文件"对话框中单击"是"按钮。

注意：这种文件的删除方法是把要删除的文件转移到了"回收站"中，如果确认需要"真正地删除"，可以在按住 Shift 键的同时进行第❸步操作；当然，也可以在"回收站"中彻底删除。

【题目 9】控制面板的使用

"控制面板"是 Windows 中重要的系统设置工具。通过它，用户可以方便地查看系统状态，可以进行各种软件/硬件配置，如设置键盘、鼠标、打印机、字体、时间和日期等。

1. 打开"控制面板"

单击"开始"按钮，在菜单中选择"控制面板"命令，即可打开。

2. 设置查看方式

系统默认查看方式是以"类别"的形式来显示功能菜单的，分为系统和安全、用户账户和家庭安全、网络和 Internet、外观和个性化、硬件和声音、时钟语言和区域、程序、轻松访问等类别，每个类别下会显示该类的具体功能选项。也可以设置为"大图标"或"小图标"查看方式，只要单击控制面板右上方"查看方式"旁边的小箭头，从中选择即可。

3. 查找"控制面板"功能

Windows 7 系统有非常强劲的搜索功能,"控制面板"中也提供了好用的搜索功能,即使用搜索框或者地址栏。

在控制面板右上方的搜索框中输入关键词,回车,即可看到控制面板功能中相应的搜索结果。

单击地址栏每类选项右侧的向右箭头 ,即可显示该类别下所有程序列表,从中单击需要的程序,即可快速打开相应程序。

4. 使用"控制面板"的设置功能

① 设置日期和时间。在"时钟、语言和区域"中单击"日期和时间",在打开的对话框中单击"更改日期和时间"按钮,在出现的"日期和时间设置"对话框中进行设置。

单击任务栏右侧的时间和日期,再单击"更改日期和时间设置",也可以打开"日期和时间"对话框。

② 卸载程序。卸载程序不可直接在资源管理器中删除该程序,否则注册表中仍会保留该程序的一些信息,甚至会影响下一次的安装。因此,需要卸载某程序时,可以按如下方法进行。

如果该应用程序本身提供了卸载程序,则直接使用它的卸载程序,否则通过控制面板来卸载程序,方法是:在"按类别"查看的控制面板窗口中,单击"卸载程序",在出现窗口的右窗格中选择要删除的程序,然后单击"卸载"即可

③ 设置语音识别。单击"轻松访问",在右窗格中单击"语音识别"→"启动语音识别",并按向导逐步完成语音识别。完成之后可以用语音控制计算机。

【题目 10】常用附件的使用

1. 画图

画图程序是 Windows 系统中的一款经典程序,在 Windows 7 中对其又进一步做了改进,新增了一些笔刷效果,如水彩、蜡笔和书法,同时提供了一个易于使用的功能区,收录了所有最常用的超酷功能。其运行界面如图 1.23 所示。

2. 截图功能

截图工具可以让用户方便地截取所需画面,并可以在其他应用程序中使用,如 Word 等。

❶ 捕获截图。单击"开始"按钮,然后单击"截图工具",打开如图 1.24 所示的窗口。单击"新建"按钮旁边的下拉箭头,从下拉列表中选择"任意格式截图"、"矩形截图"、"窗口截图"或"全屏幕截图"命令之一,然后选择要捕获的屏幕区域即可。

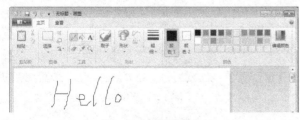

图 1.23 画图程序

图 1.24 截图工具

❷ 给截图添加注释。捕获截图后,可以在标记窗口中、在截图上或围绕截图书写或绘图。

❸ 保存截图。捕获截图后,在标记窗口中单击"保存截图"按钮,在"另存为"对话框中输入截图的名称,选择保存截图的位置,然后单击"保存"按钮。

3. 便笺

在生活中，我们常常会在门上、墙上粘贴上便笺，以提醒完成某事，而在计算机桌面上也可以模拟生活中的便笺。

❶ 新建便笺。单击"开始"按钮，然后单击"便笺"（如果没有"便签"程序，可以使用"桌面小工具库"或通过"联机获取更多小工具"下载"便签"程序），桌面上立刻就出现了一张便笺，在便笺中输入提醒事项即可，如图 1.25 所示。右键单击便笺，利用弹出的快捷菜单，可以为便笺选择其他不同的颜色。

❷ 删除便笺。选中需要删除的便笺，单击便笺右上角的"🔀"即可。

4. 计算器

Windows 7 中的计算器（如图 1.26 所示）拥有比以往版本更多的功能，单击"查看"菜单，便可查看到这些功能，如"单位换算"中可以将摄氏度转换为华氏度、米转换为英里、米转换为英尺、克转换为盎司、焦耳转换为英制热量单位等。

图 1.25　便签

图 1.26　计算器

另外，"程序员"模式和"统计信息"模式还可以处理更复杂的任务。使用时，打开计算器后，单击"查看"菜单，选择相应的模式，进行计算。

【题目 11】使用 Windows 7 联机帮助

单击"开始"按钮，然后选择"帮助和支持"命令，打开如图 1.27 所示的窗口。在搜索栏中输入需要检索的字或句子，单击"搜索帮助"按钮 🔍，然后选择相应的显示栏目，可以获取有关帮助信息。通过帮助信息，用户可以较快地掌握有关功能的操作、Windows 的功能及概念方面的知识。

图 1.27　Windows 7 联机帮助

四、操作题

1. 练习 Windows 7 的启动与关闭。

2. 桌面操作。

（1）将应用程序"计算器"锁定到任务栏，以便快速启动。

（2）联机获取喜欢的桌面主题，将其应用到计算机中，并将自己的照片作为屏幕保护程序显示的图像。

（3）调整屏幕的分辨率，如改为 1600×1200。

（4）在桌面上添加小工具"时钟"。

3．在"资源管理器"中以"详细信息"方式浏览 C 盘中的内容，并按"修改日期"进行排列，设置显示所有文件的扩展名。

4．在 D 盘创建一个名为"Mymusic"的文件夹，下载几首 MP3 音乐文件，并放置在该文件夹中。

5．通过 Windows 7 帮助系统，显示"鼠标设置"的帮助信息。

实验四　Windows 7 高级操作

一、实验目的

1．熟练掌握磁盘操作。

2．掌握任务管理器的使用方法。

3．了解虚拟内存大小的设置及其对程序运行效率的影响。

4．学会定制多个用户账户。

5．了解系统备份和还原方法。

二、实验任务与要求

1．掌握磁盘格式化、查错、碎片整理等磁盘实用工具的使用。

2．使用任务管理器终止程序和进程、查看系统的运行状况。

3．设置虚拟内存。

4．创建和管理多用户。

5．备份、还原文件和文件夹。

三、实验步骤与操作指导

【题目 12】磁盘管理

1．查看磁盘空间

在使用计算机的过程中，了解计算机的磁盘空间是非常必要的。例如，在安装比较大的软件时，首先要检查各磁盘各分区的使用情况，然后决定将软件安装在哪个分区中。一般将系统软件安装在本地 C 盘中，其他软件安装在 D 盘中，数据存放在 E、F 等盘中。

❶ 打开"资源管理器"，切换到"计算机"窗口。

❷ 在对话框的右窗格中可以看到计算机的所有磁盘分区，单击 C: 驱动器图标，再单击右键，在弹出的快捷菜单中选择"属性"，出现磁盘属性的对话框，其中显示 C: 驱动器的存储空间及使用情况。

2．进行磁盘查错

经常进行移动、复制、删除文件以及安装、卸载程序等操作之后，可能出现坏的磁盘扇区，这时可执行磁盘查错程序，以修复文件系统的错误、恢复坏扇区等。

执行磁盘查错程序的具体操作如下：

图 1.28 "工具"选项卡

❶ 打开"资源管理器"，切换到"计算机"窗口。

❷ 右键单击要进行磁盘查错的磁盘图标，在弹出的快捷菜单中选择"属性"命令。

❸ 在出现的磁盘属性"对话框中，选择"工具"选项卡，如图 1.28 所示。

❹ 在该选项卡中有"查错"和"碎片整理"等选项组。单击"查错"选项组中的"开始检查"按钮，弹出"检查磁盘"对话框。

❺ 在该对话框中，用户可选择"自动修复文件系统错误"和"扫描并试图恢复坏扇区"选项，单击"开始"按钮，即可开始进行磁盘查错，在"进度"框中可看到磁盘查错的进度。

❻ 磁盘查错完毕后，将弹出"正在检查磁盘"对话框，从中可以查看详细信息。

❼ 单击"确定"按钮即可。

3．整理磁盘碎片

"磁盘碎片整理程序"也是 Windows 7 提供的磁盘管理工具之一，能够将文件存储在磁盘中连续的簇中，重新安排文件和硬盘上的未用空间，以提高文件的访问速度。

Windows 7 的文件可能保存在不连续的簇中，并通过文件分配表来读取文件。这种文件的存放使得文件的读取需要更长的时间，也使得磁盘上出现了许多不连续的簇，即磁盘碎片。定期检查磁盘碎片是一种良好的习惯。

❶ 打开"磁盘属性"对话框，选择"工具"选项卡，单击"立即进行碎片整理"按钮，显示"磁盘碎片整理程序"窗口。

❷ 选中要进行碎片整理的分区。

❸ 单击"分析磁盘"按钮，系统可进行分析，检查是否有必要进行碎片整理。

❹ 如有必要，则单击"磁盘碎片整理"按钮，进行整理。整理完毕，显示分区的使用状况。

注意：不能为固态硬盘（SSD）及某些类型的虚拟硬盘（VHD）进行碎片整理。

【题目 13】Windows 7 的任务管理

使用任务管理器可以非常方便地查看和管理计算机上所运行的程序。

1．启动任务管理器

可以使用以下两种方法启动任务管理器：

❖ 按组合键 Ctrl+Alt+Delete，选择"启动任务管理器"，弹出"Windows 任务管理器"窗口。

❖ 右键单击桌面任务栏的空白处，在弹出的快捷菜单中选择"启动任务管理器"命令。

启动任务管理器后，出现"Windows 任务管理器"窗口，如图 1.29 所示，从中可以查看和管理计算机上所运行的程序。

2．启动新的应用程序

❶ 要启动新的应用程序，在"Windows 任务管理器"窗口中，单击"文件"菜单的"新建任务（运行）"命令，打开"创建新任务"对话框，如图 1.30 所示。

图 1.29　Windows 任务管理器

图 1.30　创建新任务

❷ 在"打开"下拉列表框中输入或选择要启动的应用程序名、文件夹、文档或者 Internet 资源，也可以通过"浏览"按钮查找要执行的应用程序名，单击"确定"按钮，便启动所指定的应用程序。

3．终止应用程序

当计算机无法正常操作时，用户往往会重新启动计算机。实际上，造成计算机死机的原因往往是内存溢出。当正在运行的某个应用程序不能操作时，如出现"未响应"状态且单击程序窗口右上角的"关闭"按钮也不能终止时，可以启动任务管理器，关闭应用程序。具体操作步骤为：在图 1.29 所示的"Windows 任务管理器"窗口中，选择"应用程序"选项卡，单击要关闭的应用程序名，并单击"结束任务"按钮。

4．观察和终止进程

每个运行的程序都有相应的进程在内存中运行。在 Windows 7 中，可以通过任务管理器查看或终止正在运行的进程。终止了进程，也就终止了对应的应用程序的运行。观察正在运行的进程的方法是：在"Windows 任务管理器"窗口中，选择"进程"选项卡，其中显示正在运行的进程名、用户名、CPU 及内存使用情况等，见图 1.29。

如果要查看更多的进程显示项目，可以单击"查看"菜单中的"选择列"命令，打开"选择进程页列"对话框，可以配置进程中显示的项目。

若要终止正在运行的进程，可在"进程"选项卡中选择一个进程，单击"结束进程"按钮，将该进程终止。

注意：进程列表中有些是 Windows 7 的基本系统进程，也就是说，这些进程是操作系统运行的基本条件，有了这些进程，系统才能正常运行，用户不能终止这些进程。

5．观察性能

在任务管理器的"性能"选项卡中（如图 1.31 所示），可以以图表方式直观地查看 CPU 使用情况和使用记录。

查看这些参数有助于了解系统的运行状况，改善系统性能。很多术语名词比较专业，下面简要说明。

图 1.31　"性能"选项卡

CPU 使用率：CPU 的使用百分比，柱状图表示实时的 CPU 使用率。

CPU 使用记录：CPU 使用量随时间的变化曲线，其中红线表示系统内核的使用率（显示红线需要在任务管理器的"查看"菜单中选择"显示内核时间"命令）。

物理内存（MB）：

❖ 总数——计算机所配置的内存总量。

❖ 可用——物理内存中可被程序使用的空余量。

❖ 已缓存——被分配用于系统缓存的物理内存，主要存放一些关键程序和数据等。

系统：

❖ 句柄数——所谓句柄，就是 Windows 用来标识应用程序的一个长整型数据，Windows 使用各种各样的句柄来标识诸如应用程序实例、窗口、控制、位图和 GDI 对象等。

❖ 线程数——指程序中能独立运行的部分。

❖ 进程数——运行的程序数目。

核心内存（MB）：操作系统内核及设备驱动程序所使用的内存。

❖ 分页数——可以复制到页面文件中的内存，一旦系统需要这部分物理内存，它会被"映射"到硬盘，由此释放部分物理内存。

❖ 未分页——保留在物内存中的内存，这部分不会被映射到硬盘即页面文件中。

【题目 14】 虚拟内存的设置

当计算机缺少运行程序或操作所需的随机存取内存（RAM）时，Windows 将使用虚拟内存进行补偿。虚拟内存将计算机的 RAM 和硬盘上的临时空间组合在一起。当 RAM 运行速度缓慢时，虚拟内存将数据从 RAM 移动到称为分页文件的空间中。将数据移入与移出分页文件可以释放 RAM，以便计算机完成工作。

一般而言，计算机的 RAM 越大，程序运行得越快。如果计算机的速度由于缺少 RAM 而降低，则可以尝试增加虚拟内存来进行补偿。但是，计算机从 RAM 读取数据的速度要比从硬盘读取数据的速度快得多，因此增加 RAM 是更好的方法。

如果收到虚拟内存不足的警告消息，则需要添加更多的 RAM 或增加分页文件的大小，这样才能在计算机上运行程序。Windows 通常会自动管理大小，但是如果默认的大小不能满足用户需要，则可以手动更改虚拟内存的大小。

Windows 将页面文件大小的初始最小值设置成等于用户计算机上安装的随机存取内存（RAM）的值，将最大值设置成 3 倍于用户计算机上安装的 RAM 的值。如果用户看到对这些建议级别的警告，则需要增加虚拟内存大小的最小值和最大值。

在 Windows 7 中，当运行的程序所需内存大于实际内存时，需要使用虚拟内存，即把无法装入实际内存的程序或数据保存到外存储器中，称为页面文件。

更改虚拟内存或页面文件大小的步骤如下：

❶ 单击"开始"按钮，然后右键单击"计算机"，在弹出的快捷菜单中选择"属性"命令，打开"系统"对话框，如图 1.32 所示。在左窗格中单击"高级系统设置"，出现"系统属性"对话框，如图 1.33(a)所示。

❷ 在"高级"选项卡中，单击"性能"栏中的"设置"按钮，出现"性能选项"对话框，如图 1.33(b)所示。

图 1.32 "系统"对话框

  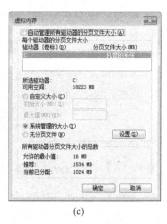

(a)　　　　　　　　　　(b)　　　　　　　　　　(c)

图 1.33　虚拟内存的设置

❸ 在"性能选项"对话框中单击"高级"选项卡，然后在"虚拟内存"栏中单击"更改"按钮，出现如图 1.33(c)所示的"虚拟内存"对话框。

❹ 在"驱动器"列表框中，单击要更改的分页文件所在的驱动器，选中"自定义大小"单选按钮，在"初始大小（MB）"和"最大值（MB）"框中分别输入新的大小（以 MB 为单位），单击"设置"按钮，然后单击"确定"按钮。

说明：如果默认是自动管理，则清除"自动管理所有驱动器的分页文件大小"复选框。

【题目 15】设置多个用户使用环境

在实际生活中，多个用户使用一台计算机的情况经常出现，而每个用户的个人设置和配置文件等会有所不同，这时用户可进行多个用户使用环境的设置。采用多个用户使用环境设置后，当不同用户用不同身份登录时，系统就会应用该用户的设置，而不会影响到其他用户的设置。

1. 创建新账户

❶ 打开"控制面板"对话框，单击"用户帐户和家庭安全"。

❷ 在窗口中单击"添加或删除用户帐户"。

❸ 出现"添加或删除用户"的窗口，单击"创建一个新帐户"并选择账户类型：标准用户或管理员（如图 1.34 所示）。

❹ 单击"创建帐户"按钮。

2. 更改账户

❶ 与创建新账户一样，进入"添加或删除用户帐户"窗口，从中单击需要更改设置的账户。

❷ 出现如图 1.35 所示的窗口，选择左侧的更改项目即可，主要包括：账户名称、密码、图片设置、账户类型、设置家长控制等。

❸ 如果需要删除该账户，单击"删除帐户"即可。

图 1.34　创建新账户

图 1.35　更改账户

【题目 16】Windows 7 备份与还原

为了避免系统因操作失误或者其他无法预料的因素导致无法正常工作，我们可以在系统出现故障之前，先采取一些安全和备份措施，如创建系统映像、备份文件或文件夹。当出现故障时，通过 Windows 7 自带的还原系统功能可以恢复系统。

1. 备份文件和文件夹

❶ 打开"控制面板"，单击"系统和安全"类别下的"备份您的计算机"，进入"备份和还原"窗口，如图 1.36 所示。

图 1.36　"备份和还原"窗口

❷ 单击"设置备份"。

❸ 在如图 1.37(a)所示的对话框中选择备份的位置，单击"下一步"按钮。

(a)

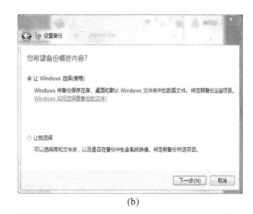
(b)

图 1.37　备份设置

❹ 弹出如图 1.37(b)所示的对话框，选择备份的内容，单击"下一步"按钮，出现备份信息，单击"保存设置并运行备份"按钮，出现如图 1.38 所示的对话框。

图 1.38　备份进行中

❺ 备份完成后，将显示备份大小、更改计划设置等。

2．还原文件和文件夹

建立好备份文件后，在需要的时候可以进行文件或文件夹的还原，操作步骤如下：

❶ 进入"备份和还原"窗口，如图 1.39 所示。

图 1.39　还原文件或文件夹

❷ 单击"还原我的文件"按钮，打开"还原文件"对话框，如图 1.40 所示，单击"浏览文件"或"浏览文件夹"，选择还原文件或文件夹，然后单击"下一步"按钮。

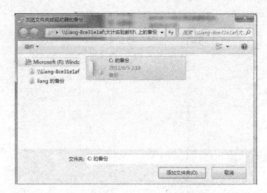

图 1.40　还原文件选择

❸ 单击"还原"按钮，完成操作。

3. 还原系统

系统还原可以解决很多系统问题，可以撤销最近对系统所做的更改，但保持文档文件不变，不过它可能会删除最近安装的程序。

❶ 打开"控制面板"，从中找到"恢复"项，并单击。

❷ 出现如图 1.41(a)所示的窗口，单击"打开系统还原"按钮。

❸ 在"系统还原"窗口中，按向导提示，选择自动还原点，单击"下一步"按钮。

❹ 确定还原点后，单击"完成"按钮即可。

❺ 如果系统遇到的是较严重的问题，则可以选择图 1.41(a)中的"高级恢复方法"。

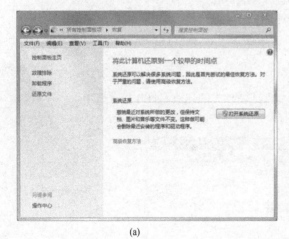
(a)

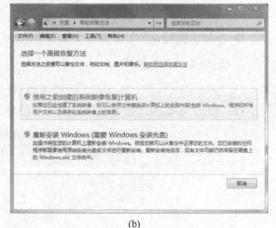
(b)

图 1.41　还原系统

❻ 打开如图 1.41(b)所示的对话框，单击"使用之前创建的系统映像恢复计算机"，然后按照步骤进行操作即可。

四、操作题

1. 对 C 盘进行查错和碎片整理。

2. 利用任务管理器启动 Word、Excel 和画图等应用程序，观察所启动应用程序的进程信息；返回到 Word 和 Excel 中操作一段时间，观察对应的进程信息的变化情况；删除 Word、Excel 和画图进程，再观察进程信息的变化情况。

3．建立两个用户账号 user1 和 user2，启用 Guest 账号。

4．备份和还原"文档"库的文件夹。

5．在 D 盘中建一个名为"U 盘资料"的文件夹，将你的 U 盘中的内容复制到该文件夹中；在确认复制成功的情况下，请对你的 U 盘进行格式化操作，检查格式化后该 U 盘的容量等属性；再将文件夹"U 盘资料"中的内容复制回 U 盘，并再次检查该 U 盘的容量等属性。

6．如果执行某应用程序后系统"死机"或长时间等待，如何解决？

第2章 Word 和 PowerPoint 2010 操作

实验一　Word 2010 操作

✿　文档基本的图、文、表格混排
✿　格式替换
✿　设置标题并建立目录
✿　标记索引项并建立索引
✿　创建题注与交叉引用
✿　制作水印
✿　插入公式
✿　邮件合并

实验二　PowerPoint 2010 操作

✿　创建演示文稿
✿　插入图片、图形操作
✿　设置动画、切换效果，播放幻灯片
✿　插入多媒体信息
✿　建立超链接和动作按钮
✿　建立自定义放映
✿　建立展台浏览
✿　放映文件与打印幻灯片

1. Word 2010

Word 是一款文字处理软件，可以实现各类文档如文件、报告、信件、论文等的编辑、排版、打印等操作，可以进行图文混排处理。Word 2010 的界面如图 2.1 所示，界面上的选项卡（或称为功能区）和主要功能如下。

图 2.1　Word 界面

（1）"文件"

"文件"选项卡用于对文件进行的一系列操作，主要命令有：新建、打开、关闭、保存、另存为、打印、帮助等。

（2）"开始"

"开始"功能区包含了最常用的编辑排版命令：如字体、段落、样式等格式设置；移动、复制、查找、替换等编辑操作。"字体"、"段落"等还可以打开相应的对话框进行操作。打开对话框的方法是单击界面上分组名称右侧对应位置处的 ⬛ 图标。

排版常用的对话框有："字体"对话框、"段落"对话框。

Word 编辑文本时，每输入一个段落内容按一下 Enter 键，在段落结尾产生一个段落标记，显示为↵，也可隐藏不显示，但不代表它不存在。段落标记中存储着该段落的格式。

段落的部分操作也可以利用如图 2.2 所示的标尺（在"视图"功能区"显示"分组中选择"标尺"）来完成。具体操作时，只要鼠标在标尺相应的位置上拖动即可。

文档页面上段落各类缩进和页面边距的位置如图 2.3 所示。

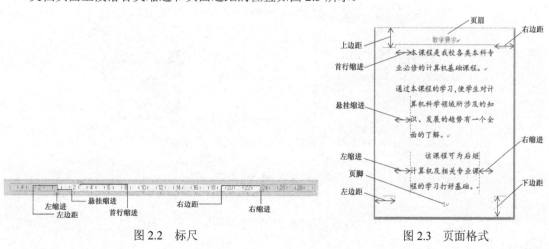

图 2.2　标尺　　　　　　　　　　　图 2.3　页面格式

（3）"插入"

"插入"功能区可用于在文档中插入一些对象，主要包括：页码、时间和日期、符号、插图、文本框、表格、超链接、页眉和页脚等。其中，"插图"包含剪贴画、图片、形状和图表等。

（4）"页面布局"

"页面布局"功能区中可以进行页面设置、段落间距和缩进等的设置。其中会出现的"页面设置"对话框也是 Word 中常用的对话框之一。

（5）"引用"

"引用"功能区中包括建立目录、索引、题注、交叉引用、脚注和尾注等的设置。

（6）"邮件"、"审阅"、"视图"

"邮件"、"审阅"、"视图"功能区分别用于：邮件合并；校对、中文简繁体转换、批注及修订；显示方式、窗口等的切换，窗口拆分等。

（7）"绘图工具"、"图片工具"、"文本框工具"等

当选择了自绘图形、图片或文本框后，会分别出现这些选项卡之一，其中包含了填充、阴影等相关操作工具。

Word 命令除了使用选项卡中的工具外，还可以自定义快速访问工具栏，用户可将最频繁使用的命令添加于此。自定义快速访问工具栏位于标题栏左侧，见图。添加方法如下：直接对功能区中某个命令按钮单击右键，在弹出的快捷菜单中选择"添加到快速访问工具栏"。如果要将某个命令按钮从快速访问工具栏中删除，只要对其单击右键，在快捷菜单中选择相应命令即可。

2．PowerPoint 2010

PowerPoint 2010 是文稿演示软件，不仅可以制作出图文并茂的幻灯片，还可以配上声音、动画等特殊的演示效果，是制作产品介绍、学术演讲、会议报告、公司简介、计划、教学课件等电子演示文稿时的常用办公软件。

PowerPoint 2010 界面主要有"文件"选项卡及"开始"、"插入"、"设计"、"切换"、"动画"、"幻灯片放映"、"审阅"和"视图"功能区，如图 2.4 所示。其中部分命令与 Word 2010 类似。

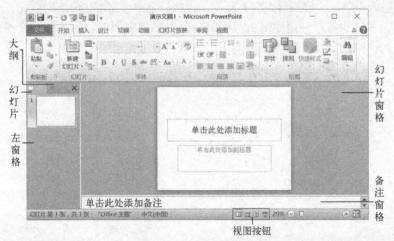

图 2.4　PowerPoint 界面

（1）"开始"

"开始"功能区中包含字体、段落、编辑、绘图等常用的命令，也包含幻灯片的版式和插入新幻灯片等。

（2）"插入"

"插入"功能区中，除了插入图片、视频、音频等内容外，还包括插入"超链接"、"表格"、"文本框"、"页眉和页脚"等命令。

（3）"设计"

"设计"功能区中可以通过主题设置，更改幻灯片的整体设计，可以设置背景样式，还可以进行页面设置。

（4）"切换"

"切换"功能区中可以设置幻灯片切换效果。

（5）"动画"

"动画"功能区中可以对幻灯片中的对象设置动画效果。

（6）"幻灯片放映"

"幻灯片放映"功能区包含观看放映、设置放映方式、录制旁白、排练计时等与幻灯片放映有关的一系列命令。

（7）"视图"

"视图"功能区中有"普通视图"、"幻灯片浏览"、"阅读视图"、"备注页"、"母版视图"、"颜色/灰度"等命令。其中，母版表示某类项目的版式，有幻灯片母版、备注母版和讲义母版。幻灯片母版又包含了多张不同版式的母版。

实验一　Word 2010 操作

一、实验目的

1．掌握对 Word 文档的编辑和格式化，实现最基本的图、文、表格混合排版操作。

2．掌握利用 Word 2010 编辑文档的高级操作。

二、实验任务与要求

1．实现文档的创建、打开、保存和基本编辑操作。

2．实现最基本的图、文、表混排。

3．实现在文档中插入符号，创建和使用自动更正，实现高级查找与替换。

4．实现文档中创建和引用脚注、尾注和题注。

5．实现项目符号与编号的使用，以及多级标题和目录、索引的建立。

6．实现水印制作、图形绘制与组合。

7．实现公式的编辑。

8．实现邮件合并。

三、知识要点

1．排版

排版主要是指利用排版技术美化文档，或方便编辑。

（1）格式刷

格式刷是一个复制格式的工具，用于复制选定对象的格式，这些对象主要是指文本和段落标记。

格式刷的使用方法是：选择要复制的对象 A，单击"开始"功能区的"剪贴板"组中的格式刷按钮 🖌，这时鼠标指针带有一个刷子，用鼠标拖动另一段对象 B。这样，使对象 B 与对象 A 具有相同的格式。例如，对象 A 为隶书、一号字，则利用格式刷拖动后，对象 B 的格式也为隶书、一号字。

单击格式刷，将格式复制到一个对象上，即复制一次。双击格式刷，则可将格式复制到多个对象上，鼠标每拖动一次，都复制一次格式，直到再次单击格式刷 🖌 按钮或按 Esc 键，或修改或插入其他内容。

（2）高级查找或替换

在"查找和替换"对话框中单击"更多"按钮，可以设置搜索范围，可以在操作时区分大小写，可以进行全字匹配，还可以使用通配符。

选中"使用通配符"时，Word 可以用通配符来查找匹配串。常用的通配符有"?"和"*"。"?"表示与任意一个字符或一个汉字匹配，"*"表示与任意多个字符或汉字匹配。例如，要在文档中找一个人的姓名，但只记得姓名的第一个字是"张"，第三个字是"红"，则可以在"查找内容"中输入"张?红"，它将与"张小红"、"张丽红"等匹配。

在进行查找或替换操作时，用户还可以使用 格式(O)▼ 、 特殊字符(E)▼ 、 不限定格式(T) 三个按钮，按格式查找或替换、查找或替换特殊字符等。如将文档中所有的"计算机"变为粗体字，就可以通过"格式"替换来实现。

（3）间距类操作

在"字体"对话框中单击"高级"选项卡，可以设置缩放、字间距、字符位置等项目。

缩放是按当前字符尺寸的百分比横向扩展或压缩字体。字符间距有"标准"、"加宽"和"紧缩"3 种。字符位置也有"标准"、"提升"和"降低"3 种。例如，对文字"计算机"进行设置，效果如表 2.1 所示。

表 2.1 字体的设置

操作内容	缩放比例为 200%	缩放比例为 66%	加宽 5 磅	紧缩 2 磅	"机"字提升 5 磅
效果	计算机	计算机	计 算 机	计算机	计算机

在"段落"对话框中，间距可以用来调整所选段落或当前段落各行之间的行距，或段落之间的距离。

图 2.5 "自动更正"对话框

（4）自动更正

自动更正功能可以存储常用的文本和图形并命名为词条，以便在需要时可以利用词条快速地插入这些文本和图形，还可以设置或取消句首字母自动大写、弯引号代替直引号等功能。

创建自动更正词条的步骤如下：

❶ 选择要存入自动更正的文本或图形（对于文本，也可以直接在如图 2.5 所示的对话框的"替换为"列表中输入）。

❷ 选择"文件"选项卡→"选项"，出现"Word 选项"对话框。在左窗格中单击"校对"，在对应的右窗格中单击"自动更正选项"按钮，出现如图所示的"自动更正"对话框。

❸ 在对话框的"替换"中输入词条名，单击"添加"按钮（"添加"按钮自动变成"替换"按钮）。

引用自动更正的操作如下：若词条名不采用汉字时，输入词条名，再按空格或标点；若词条名使用汉字，则词条名一旦输入，则系统立即更正为相关内容。

一般，自动更正用于对英文缩写的展开或更正英文中的错误。从图可以看出，当用户把"about"输成了"abbout"时，系统会自动更正为"about"。这是因为存在这个"自动更正"词条。

例如，用户经常要使用"Visual Basic"一词，则可以将它定义为自动更正，并取词条名为"VB"，这样以后输入"VB"并按空格键，Word 自动将"VB"改成"Visual Basic"。

如果用户要编辑一份带有 C 语言程序的文档，C 语言程序不可以随意使用大小写字母，一般均为小写字母，可是输入时，Word 总是将首字母改为大写，而且 C 语言中引号应使用直引号""而不是""，为防止错误产生，有必要对自动更正进行设置。如在图中去掉"句首字母大写"复选框，在"键入时自动套用格式"选项卡中去掉"直引号替换为弯引号"复选框等。

（5）样式

样式是模板的重要组成部分，样式本身是一系列格式的组合，这些格式可以是段落格式、字体格式、边框和底纹等。

使用样式可以使正在编辑的文档在格式上保持一致。Word 本身提供了标题、正文等样式。如正文样式包括一些字体和段落的格式：中文字体为"宋体"，西文字体为"Calibri"，字号为"五号"，对齐方式为"两端对齐"，行距为"单倍行距"等。

用户可以使用"开始"功能区→"样式"组，利用弹出的对话框编辑、新建、删除一个样式，或直接使用样式列表框引用已有的样式。

取消作用于文本上的样式或格式，可以单击"样式"组样式列表右侧的 （其他），选择"清除格式"命令。

（6）项目符号和编号

项目符号与编号用于对一些重要条目进行标注或编号，用户可以为选定段落添加项目符号或编号或标题，Word 提供多种项目符号、编号或标题的形式，用户也可以修改它们的格式。操作时，使用"开始"功能区→"段落"组中的相关命令。

如果使用默认的项目符号、编号、多级列表，则可以使用"开始"功能区→"段落"组中的项目符号按钮、编号按钮或多级列表按钮。

如果要设置标题，可以使用"开始"功能区→"样式"组中的标题样式，其中包含"标题 1"、"标题 2"等样式，而这些标题样式有利于用户对文档建立目录。

如果某行不希望成为标题，或希望取消已设置的所有格式，则可以使用"正文"样式。

（7）浏览文档标题

在文档中设置过标题后，使用浏览文档标题功能，既可以查看文档标题结构，又可以根据标题快速地在一篇很长的文档中定位。

启用浏览文档标题功能的方法是：单击"视图"功能区→"显示"组→"导航窗格"复选框，在出现的导航窗格中单击 （浏览您的文档中的标题）选项卡。

图 2.6 中显示了"导航"窗格且可浏览文档标题，若在此时单击窗格中的"【题目 3】…"，则文档编辑区中立刻显示对应的内容，插入点

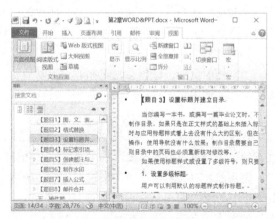

图 2.6　浏览文档标题

也随之移动。

（8）分节

Word 用"节"将文档分为具有不同页面格式的部分，用户可以将文档分为很多节，如一个文档包含有信封和信函，它们属于不同的节。

"节"与人为插入的分页符一样，有分节标识（可以隐藏），当需要在文档的不同部分使用不同的页面设置时，应插入分节符。例如，部分分栏时前后分节，使用不同的页面边框、边距、纸张、纸型、版式时用分节符隔开，使用不同的页眉与页脚时应先插入分节符等。

插入分节符可以使用"页面布局"功能区→"页面设置"组→"分隔符"中的命令来实现。删除分节符，只要将插入点移到分节符开始处，按 Delete 键即可。分节符的类型如下。

❖ 下一页：开始新页。

❖ 连续：不换页，而开始新的一节。

❖ 偶数页：从下一个偶数页开始新的一节。

❖ 奇数页：从下一个奇数页开始新的一节。

（9）页眉或页脚

页眉或页脚往往出现在需要打印的文档中，位于文档中每页的顶部或底部，分别打印在上页边距和下页边距中。页眉和页脚中可以包括页码、日期、公司徽标、文档标题、文件名等文字或图形。

可以让整个文档自始至终用同一个页眉或页脚内容，也可以在奇数页和偶数页上使用不同的页眉和页脚。插入分节符后，用户可以在文档不同部分采用不同的页眉和页脚。创建页眉和页脚可以使用"插入"功能区→"页眉和页脚"分组中的相关命令。

删除页眉后，若要清除其横线，可以使用"样式"组中的"清除格式"命令。

（10）域

域是 Word 在指定位置插入特定信息的指令集，这些信息往往在文档中经常变化需要更新，如日期和时间、文档共有几页、索引项、目录、题注、交叉引用等都使用了域。

若要插入其他域，使用"插入"功能区→"文本"组→"文档部件"→"域"命令。

右键单击已插入的域，在弹出的快捷菜单中选择"切换域代码"，可以查看其对应的代码。事实上，每条域代码都由"{ }"括起来，"{ }"不是通过键盘直接输入，而是插入命令（如插入能自动更新的时间和日期）或使用 Ctrl+F9 组合键来产生的。因为它不是一般意义上的括号，表示域字符，用来分隔普通文本和域代码。

平时用户在插入"自动更新"的日期和时间时看到的是域，如 2017-5-1。如果采用"切换域代码"命令，就可以看到对应的域代码"{TIME\@"yyyy-m-d"}"。再次使用"切换域代码"命令，则仍显示为域。

当文档的页面、标题、时间和题注等发生变化时应及时更新域，方法是：选择域后按 F9 功能键，或者使用打印预览和打印命令；或选择域后，在弹出的快捷菜单中选择"更新域"命令。

（11）题注、注释和书签

题注是附加在表格、图表、公式等项目上的一种带编号的说明。Word 提供了一部分常用的题注标签，用户可以根据需要，利用"引用"功能区→"题注"分组中的命令插入或新建标签。

使用题注对文档的编辑带来很大方便，题注中的编号将随着题注的插入和删除而自动变化，如前面有一个"图 4.1"，后面有一个"图 4.2"，若中间插入了一个图及题注，则 Word 自动将新插入的题注确定为"图 4.2"，原来的"图 4.2"自动改为"图 4.3"。删除题注也会自动更新其他题注编号。若未及时更新，可使用"更新域"的方式进行刷新。

注释主要用于为文档中的文本或某些术语提供解释。Word 中的注释分为脚注和尾注，脚注出现在文档中每一页的底端，尾注一般位于整个文档的结尾。每个注释都由两个互相链接的部分组成：注释引用标记和注释正文。插入注释可以由"引用"功能区→"脚注"组中的命令来实现。当用户删除了注释引用标记时，也自动删除了注释正文。

书签可用来标记选定的文字、图形、表格及其他项目，每个书签都有一个书签名，使用"插入"功能区→"链接"分组→"书签"命令可以创建书签。创建的书签位置可以作为超链接的目标，用户也可以通过书签名快速定位于其对应的项目。定位书签的方法是：使用"开始"功能区→"编辑"组，单击"查找"右侧的下箭头，然后选择"转到"命令。

（12）交叉引用

交叉引用是对文档其他位置中的项目的引用。Word 可以为标题、脚注、书签、题注等创建交叉引用。

倘若用户需要在某处使用文字"请参阅第 20 页上的图 3.2"的说明字样，如果其中的"20"和"图 3.2"是通过键盘输入的，则当图片位置发生变化时，这些数字将仍保持不变，但如果将其中的"20"和"图 3.2"设置为交叉引用，那么当图片位置发生变化时，这些数字将随之变化。例如，当用户在第 20 页前删除了一些内容后，图 3.2 位于第 18 页时，文字自动改为"请参阅第 18 页上的图 3.2"；若用户在图 3.2 前又插入了一幅图片，则原来的图 3.2 自动变成了图 3.3，Word 同时将交叉引用处的文字改成"请参阅第 18 页上的图 3.3"。或使用"更新域"方式看到效果。

"交叉引用"的命令在"插入"功能区→"链接"组或者"引用"功能区→"题注"组中。

（13）目录和索引

建立目录和索引可以帮助人们在一个长文档中快速找到某个主题。在 Word 中建立目录和索引的操作相当简单，只要使用"引用"功能区→"目录"组或"索引"组中的命令即可，不过在建立前先要进行一些必要的设置。建立目录前应先设置标题样式，建立索引前应先标记索引项。

（14）批注和修订

批注是作者或审阅者为文档添加的批语和注释，Word 会在文档的页边距上显示批注文字。修订是作者或审阅者为文档中所做的删除、插入或其他编辑操作后，在操作位置上留有的标记或痕迹。

批注和修订的内容可以通过如图 2.7 所示的"审阅窗格"来查看。使用"审阅"功能区→"修订"组中的命令可以打开"审阅窗格"。

新建批注时，先选择要添加批注的文字，使用"审阅"功能区→"批注"组→"新建批注"命令。

启用修订模式的方法是，使用"审阅"功能区→"修订"组→"修订"命令。当使用了批注或修订后，如果用过"审阅"功能区→"修订"组→

图 2.7　审阅窗格

"显示以供审阅"中的命令，可以显示或隐藏这些标记。但是隐藏修订或批注标记并不意味着已从文档中删除现有的修订或批注。一般最终的文档应去掉这些修订或批注。

删除批注，可以先显示批注标记，然后右键单击批注，在弹出的快捷菜单中选择"删除批注"命令。

去掉修订痕迹，可以先显示修订标记，右键单击文档中修订处或"审阅窗格"对应的位置，选择快捷菜单中的"接受"或"拒绝"。如果单击"审阅"功能区→"更改"组→"接受"或"拒绝"命令的下箭头，则可以一次性"接受对文档的所有修订"或"拒绝对文档的所有修订"。

2．绘图及图文混排

图文混排是指在文档中插入图形或图片，并按用户自己的爱好进行合理排版，使文章具有图文并茂的效果，包括插入图片、插入文本框、绘制图形、制作水印等操作。

图 2.8　"插图"分组

（1）绘制图形

在 Word 中可以使用"插入"功能区→"插图"组，插入图片或绘制图形。"插图"分组命令如图 2.8 所示。

"形状"中包含多类图形命令，每类都有一组图形，如线条、矩形、基本形状、箭头、流程图等。部分图形命令如图 2.9(a)所示。

"SmartArt"包含图形列表、流程图、层次结构图等更复杂的图形，如图 2.9(b)所示。

(a)

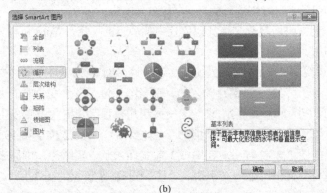

(b)

图 2.9　部分形状和图形

屏幕截图可以在文档中插入任何未最小化到任务栏的程序界面的部分截图。

当用户绘制了图形或输入了图片后，选择图形或图片，界面上就会出现"绘图工具"或"图片工具"，利用这些工具可以进行多种与绘图和图片有关的操作。右键单击图形或图片，可以从快捷菜单中选择相关命令，设置其格式：线条颜色、线型、阴影、三维格式等。

（2）改变图形形状

绘制的图形可以进行顶点编辑、改变图形的大小、旋转图形、为图形添加阴影或立体效果、改变直线的类型等。

（3）对象组合

组合是将选定的多个对象组合为单个对象，以便将它们作为一个整体来移动或修改。

组合的对象可以是文本框、利用"绘图"工具栏绘制的图形和一些浮于文字上方或衬于文字下方的图形。

组合（或取消组合）的步骤是：选择多个（单个）对象；鼠标置于已选对象上，当指针成为形状时，单击右键，选择快捷菜单中的"组合"或"取消组合"。

（4）文本框

文本框是一种可以移动和调整大小的文字、图形、图像、图表等对象的容器。比如，可以把插入的图片和题注放在同一个文本框中，以便统一置于页面内某个位置。

文本框中的文字可以横排，也可以竖排。

（5）图文混排

Word 文档分成 3 个层次：文本层、绘图层和文本层之下层。

❖ 文本层：用户在编辑文档时使用的层，插入的嵌入型图片或嵌入型剪贴画也位于文本层。

❖ 绘图层：位于文本层之上。在 Word 中绘制图形时，先把图形对象放在绘图层，即让图形浮于文字上方。

❖ 文本层之下层：可以根据需要把有些图形对象放在文本层之下，称为图片衬于文字下方，使图形和文本产生叠层效果。

利用这 3 个层次，用户可将图片在文本层的上、下层之间移动，让图和文字混合编排，如生成水印图案等，以获得特殊的效果。

即使都处于绘图层的图形也可以叠放，如图 2.10 所示。这些层次的设置可以通过快捷菜单的"置于顶层"、"置于底层"或"上移一层"等命令来实现。

图 2.10　图形叠放层次

用户还可以根据需要设置环绕方式，设置方法是使用快捷菜单的"自动换行"命令，或使用"绘图工具"选项卡→"排列"分组中的相关命令。环绕方式如下。

❖ 嵌入型：将对象置于文档的插入点处，使对象与文字处于同一层，即文本层。

❖ 四周型：将文字环绕在所选对象的矩形边界框的四周。

❖ 紧密型：将文字紧密环绕在图像自身的边缘（而不是对象矩形边界框）的周围。

❖ 浮于文字上方：取消文字环绕格式，将对象置于文档中文字的上面，覆盖着部分文字，对象将浮动于自己的绘图层中。

❖ 衬于文字下方：取消文字环绕格式，并将对象置于文本层之下的层，让文字覆盖对象。

3．添加公式

在 Word 中可以添加分式、根式、求和、积分、乘积和矩阵等公式。添加公式的方法是：使用"插入"功能区→"符号"分组→"公式"命令，出现"公式工具"选项卡，在显示的工具板中挑选样板和符号，并在提供的插槽内输入公式的变量和数字。

4．邮件合并

邮件合并主要是产生套用信函、邮件标签、信封等类型的合并文档，操作时，用户把文档的相同部分提取出来作为主文档，把不同的部分作为数据源，合并两者，产生一系列文档。比如，写一批信函，其收件人姓名各不相同，可来自一个 Excel 工作表。

邮件合并的操作是使用"邮件"功能区→"开始邮件合并"组→"开始邮件合并"，从中可以选择信函、电子邮件、信封、标签等。如果对邮件合并操作不熟练，可以选择"邮件合并分步向导"，根据向导一步一步完成相应的操作。如果熟练，则可以直接使用"邮件"功能区中的命令。

四、实验步骤与操作指导

【题目 1】图、文、表格简单混排

新建一个 Word 文档，其内包含如图 2.11 所示。编辑此文档包含了录入、分页、字体设置、段落设置、页面设置、页眉页脚设置、分栏、表格插入、艺术字插入等一系列操作。

在启动了 Word 后，主要操作如下。

1．录入文字

按要求输入图 2.11 所示的内容。

图 2.11　题目 1 的效果

2. 分页

本文档第一页处于垂直居中，所以这里不是直接使用插入分页符，而是采用分节符，插入方式：使用"页面布局"功能区→"页面设置"分组→"分隔符"，"分节符"中的"下一页"命令。

其他分页可以使用"页面布局"功能区→"页面设置"分组→"分隔符"中的"分页符"命令，或直接按 Ctrl+Enter 组合键。

3. 页面设置

利用"页面设置"对话框或"页面布局"功能区的按钮，可以进行以下操作：

❶ 在"纸张"选项卡中选择"纸张大小"为"32 开"，应用于"整篇文档"。

❷ 在"页边距"选项卡中设置左边距和右边距各为 2 厘米；上边距和下边距各为 1.2 厘米，应用于"整篇文档"。

❸ 将光标置于第一页，重新打开"页面设置"对话框，单击"版式"选项卡，设置垂直对齐方式为"居中"，应用于"本节"。

4. 段落设置

利用"段落"对话框或"开始"功能区的按钮，可以进行以下操作：

❶ 将第一页文字和第二页标题行设置为"居中"。

❷ 对第二页标题行以下段落，设置"首行缩进""2 字符"；设置行距为"固定值""20 磅"。

5. 字体操作

利用"字体"对话框或"开始"功能区的按钮，可以进行以下操作：

❶ 对首页文字设置为"楷体"、"小二"号。

❷ 对第二页标题行，设置字体格式为"隶书"、"一号"字，字体颜色为蓝色。

❸ 对第二页正文选择字号为"四号"。

6. 设置底纹

❶ 选择第二页标题文字（不包括段落标记）。单击"开始"功能区"段落"分组中的框线按钮 右侧的下箭头，然后选择"边框和底纹"（用过该命令后，该按钮就变成了"边框和底纹"

按钮􀀀，再单击其右边的下箭头，可以切换回框线按钮），出现"边框和底纹"对话框。

❷ 选择"底纹"选项卡，在"图案"中选择"样式"20%，"样式"下方的颜色中选择红色。

7．分栏

❶ 选择正文段落。

❷ 使用"页面布局"功能区→"页面设置"分组，单击"分栏"，再选择"两栏"。

如果文档末尾出现一栏长一栏短的现象，可以插入"分隔符"，"分节符"中选择"连续"，达到建立平衡栏的效果。

8．插入表格

❶ 确定插入点位置，使用"插入"功能区的命令插入一个 2 行 4 列的表格。如果发现表格沿用了上面分两栏的格式，则可以直接使用分栏命令将表格设置为一栏（即不分栏）。

❷ 在表格中输入文字，并设置表格所有文字大小为"五号"。

❸ 按需要调整列宽。将鼠标指针移动到分隔线上，使指针形状成为􀀀时，拖动鼠标。

❹ 框线设置。选择整个表格，选择"表格工具"→"设计"功能区→"绘图边框"分组，在"笔样式"框中选择双线，在"表格样式"分组的"边框"处选择"外侧框线"。

❺ 设置底纹。选择第一列，再选择"表格工具"→"设计"功能区→"表格样式"分组，单击"底纹"，从中选择一种底纹。采用同样的方法，对第 3 列设置底纹。

❻ 设置对齐方式。选择整个表格，再选择"表格工具"→"布局"功能区→"对齐方式"分组，单击"中部两端对齐"按钮。

如果希望表格两侧都能显示文字，则可用"表格属性"命令设置"环绕"等选项。如果把表格样式更改为 Word 提供的某种样式，可以使用"表格工具""设计"功能区中的"表格样式"。

9．插入图片

❶ 光标置于要插入图片的位置附近，选择"插入"功能区→"插图"组→"图片"命令，在"插入图片"对话框中选择一张图片，单击"插入"按钮，图片就被插入到文档中。

❷ 右击图片，选择快捷菜单的"自动换行"→"紧密型环绕"命令。

❸ 选择图形后，调整图片大小，再拖动鼠标使图片置于合适的位置。

10．艺术字插入

❶ 光标位于第二页，选择"插入"功能区→"文本"组→"艺术字"􀀀，从中选择一种"艺术字"样式。

❷ 输入文字"保护大熊猫"，且每输入一个字，按一下 Enter 键。设置字体为"隶书"、字号为"二号"，并设置无首行缩进、单倍行距；再将艺术字拖到页面左边。

❸ 选择艺术字框，再选择"绘图工具"→"格式"功能区→"形状样式"组→"形状效果"→"预设"→"预设 4"。如果有艺术字盖住了正文文字，可以右键单击艺术字框线，在弹出的快捷菜单中选择"置于底层"→"衬于文字下方"命令。

❹ 在最后一页（第 3 页）插入艺术字"保护大熊猫"（必要时设置行距为"单倍行距"，无"首行缩进"）。通过"设置形状格式"对话框设置"三维旋转"效果（X—25°，Y—25°，Z—50°），关闭对话框后，使用"绘图工具"功能区→"排列"分组→"位置"→"中间居中，四周型文字环绕"命令，使其位于页面中央。

11．插入页眉、页脚

❶ 插入页眉。光标移到第二页，选择“插入”功能区→“页眉和页脚”组→“页眉”→“空白”，在出现的“键入文字”处输入文字“Word 基础练习”。如果页眉中有空行，删除空行。光标移到第一页，再选择“页眉和页脚工具”→“设计”功能区→“选项”组，单击“首页不同”复选框。对后两页，在“位置”分组中设置页眉顶端距离为 0.5 厘米，页脚底端距离为 0.5 厘米。

❷ 插入页脚（页码）。光标移到第二页，使用“插入”功能区→“页眉和页脚”分组→“页码”→“页面底端”“X/Y”中的“加粗显示的数字 2”命令，则页脚位置中间自动出现“X/Y”（其中 X 为具体的页码，Y 为具体的页数），编辑页脚：保留数字不动，将“X/Y”修改成“第 X 页（共 Y 页）”，并设置“加粗”、“小五”号字。如果有空行，则删除空行。

注意：当插入过分节符时，应该设置为一致。

12．打印预览和打印

使用“文件”选项卡→“打印”命令，这时出现“打印”窗格和打印预览窗格。

用户可以选择或输入要打印的页、选择已安装的打印机、设置打印份数等，还可以在“每版打印 1 页”上单击，设置每版打印多页，或设置缩放到其他尺寸的纸上进行打印。最后单击上方的“打印”按钮即可。

13．加密码保存

保存文件使用“文件”选项卡的“保存”或“另存为”命令。在“另存为”对话框中单击下方“工具”按钮→“常规选项”，弹出“常规选项”对话框，从中设置打开密码或修改密码，最后文件取名为“Word 练习-1.docx”。

【题目 2】格式替换

按 32 开纸张、左右上下边距各为 1.2 厘米，小四号字的大小，输入如图 2.12 所示的文字，利用格式替换将正文第一段（“大熊猫，一般称作……”所在段）中的所有数字都加粗。

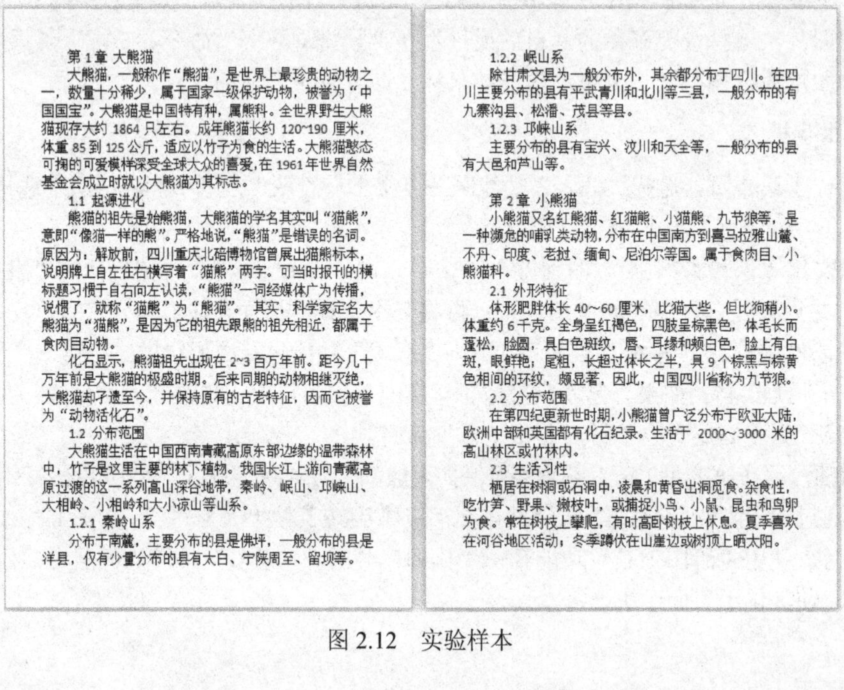

第 1 章 大熊猫

大熊猫，一般称作“熊猫”，是世界上最珍贵的动物之一，数量十分稀少，属于国家一级保护动物，被誉为“中国国宝”。大熊猫是中国特有种，属熊科。全世界野生大熊猫现存大约 1864 只左右。成年熊猫长约 120~190 厘米，体重 85 到 125 公斤，适应以竹子为食的生活。大熊猫憨态可掬的可爱模样深受全球大众的喜爱，在 1961 年世界自然基金会成立时就以大熊猫为其标志。

1.1 起源进化

熊猫的祖先是始熊猫，大熊猫的学名其实叫“猫熊”，意即“像猫一样的熊”。严格地说，“熊猫”是错误的名词。原因为：解放前，四川重庆北碚博物馆曾展出猫熊标本，说明牌上自左往右横写着“猫熊”两字。可当时报刊的横标题习惯于自右向左认读，“熊猫”一词经媒体广为传播，说惯了，就称“猫熊”为“熊猫”。其实，科学家定名大熊猫为“猫熊”，是因为它的祖先跟熊的祖先相近，都属于食肉目动物。

化石显示，熊猫祖先出现在 2~3 百万年前。距今几十万年前是大熊猫的极盛时期。后来同期的动物相继灭绝，大熊猫却孑遗至今，并保持原有的古老特征，因而它被誉为“动物活化石”。

1.2 分布范围

大熊猫生活在中国西南青藏高原东部边缘的温带森林中，竹子是这里主要的林下植物。我国长江上游向青藏高原过渡的这一系列高山深谷地带，秦岭、岷山、邛崃山、大相岭、小相岭和大小凉山等山系。

1.2.1 秦岭山系

分布于南麓，主要分布的县是佛坪，一般分布的县是洋县，仅有少量分布的县有太白、宁陕周至、留坝等。

1.2.2 岷山系

除甘肃文县为一般分布外，其余都分布于四川。在四川主要分布的县有平武青川和北川等三县，一般分布的有九寨沟县、松潘、茂县等县。

1.2.3 邛崃山系

主要分布的县有宝兴、汶川和天全等，一般分布的县有大邑和芦山等。

第 2 章 小熊猫

小熊猫又名红熊猫、红猫熊、小猫熊、九节狼等，是一种濒危的哺乳类动物，分布在中国南方到喜马拉雅山麓、不丹、印度、老挝、缅甸、尼泊尔等国。属于食肉目、小熊猫科。

2.1 外形特征

体形肥胖体长 40~60 厘米，比猫大些，但比狗稍小。体重约 6 千克。全身呈红褐色，四肢呈棕黑色，体毛长而蓬松，脸圆，具白色斑纹，唇、耳缘和颊白色，脸上有白斑，眼鲜艳；尾粗，长超过体长之半，具 9 个棕黑与棕黄色相间的环纹，颇显著，因此，中国四川省称为九节狼。

2.2 分布范围

在第四纪更新世时期，小熊猫曾广泛分布于欧亚大陆，欧洲中部和英国都有化石纪录。生活于 2000~3000 米的高山林区或竹林内。

2.3 生活习性

栖居在树洞或石洞中，凌晨和黄昏出洞觅食。杂食性，吃竹笋、野果、嫩枝叶，或捕捉小鸟、小鼠、昆虫和鸟卵为食。常在树枝上攀爬，有时高卧树枝上休息。夏季喜欢在河谷地区活动，冬季蹲伏在山崖边或树顶上晒太阳。

图 2.12 实验样本

操作方法如下：

❶ 选择该段落。

❷ 单击"开始"功能区→"编辑"组→"替换"，打开"查找和替换"对话框，选择"替换"选项卡，再单击"更多"按钮，显示出各选项，类似图 2.13 所示，若有文字，则先删除原有的符号或文字。

❸ 单击"查找内容"框，再单击"特殊格式"按钮，在弹出的菜单中选择"任意数字"，这时"查找内容"框中出现表示"任意数字"的符号"^#"。

图 2.13　"格式替换"实例

❹ 单击"替换为"框，再单击"特殊格式"按钮，在弹出的菜单中选择"查找内容"（表示替换文字与查找文字相同），这时"替换为"框中出现表示"查找内容"的符号"^&"。

❺ 单击"格式"按钮，在弹出的菜单中选择"字体"，这时出现"替换字体"对话框，其形式与"字体"对话框几乎一致。

❻ 在"替换字体"对话框中选择"加粗"，单击"确定"按钮，这时在"查找和替换"对话框的"替换为"下方出现用户所设置的格式，如图 2.13 所示。如果格式设置有误，可以重新单击"格式"按钮进行设置；如果不想要格式，则可以单击"不限定格式"按钮。

❼ 单击"全部替换"按钮，这时选定段落中的所有数字都加粗了。

❽ 提示"Word 已完成对所选内容的搜索，共替换…处。是否搜索文档其余部分"（…为具体数字），单击"否"按钮。

【题目 3】设置标题并建立目录

使用图 2.12 所示的实验样本，设置标题并建立目录。

当你编写一本书或撰写一篇毕业论文时，不仅需要设置第一章、第一节或 1.1 等标题，还要制作目录。如果只是在正文样式的基础上来插入标题行，修改字号，那么这些标题行虽然在打印时与应用标题样式看上去没有什么大的区别，但在其他方面你可能失去了许多 Word 提供的便利操作：使用导航没有什么效果；制作目录需要自己人为输入目录标题及页号，如果文章修改了，则目录中的页码也必须重新核对修改等。

如果使用标题样式或设置了多级符号，则只要一条 Word 命令，就能快速地制作目录。

1. 设置多级标题

用户可以利用默认的标题样式制作标题。针对图 2.12 所示文档，制作标题的基本步骤如下：

❶ 将光标移动到章所在标题，如第 1 章处，在"开始"功能区的"样式"组中选择"标题 1"。

❷ 将光标移动到节（如 1.1）所在标题，在"开始"功能区的"样式"组中选择"标题 2"。

❸ 将光标移动到第三级标题（如 1.2.1），在"开始"功能区的"样式"组中选择"标题 3"。

对其他章或节标题所在行使用同样的操作；或利用格式刷，将第 1 章标题格式复制到第 2 章标题处，将 1.1 标题格式复制到其他二级标题处，将 1.2.1 标题格式复制到其他三级标题处。

这时，打开导航窗格，单击"浏览您的文档中的标题"选项卡，就可以看到相应的效果。

当然，更进一步，也可以利用"多级列表"中的"定义新的多级列表"来建立标题。

2．建立目录

有了多级标题后，建立目录就非常方便了。如果将目录建在文档最后，则更方便。现在这里采用将目录建在第一页，且该页不算在正文页码内。其基本步骤如下：

❶ 插入分节符。将光标移动到文档最头上，使用“页面布局”功能区→“页面设置”组→“分隔符”→“下一页”分节符，插入了一个分节符，第 1 页成为空白页。

❷ 插入页码。光标在正文页，使用“插入”功能区→“页眉和页脚”组→“页码”→“页面底端”→“普通数字 2”，在页面底端中间插入页码。

❸ 设置本节页码起始编号为 1。选择“页眉和页脚工具”→“设计”功能区→“页眉和页脚”分组→“页码”→“设置页码格式”，出现“页码格式”对话框（如图 2.14 所示），从中选择“起始页码”单选按钮，并设置为 1，单击“确定”按钮。然后关闭页眉页脚，回到正常编辑状态。

❹ 打开“目录”对话框。将光标移到空白页，选择“引用”功能区→“目录”组→“目录”→“插入目录”，打开“目录”对话框。

❺ 对“目录”进行设置。如果要更改一些选项，如显示到二级标题等，则可以在对话框中设置。本题不作任何设置。单击“确定”按钮，这时就出现了如图 2.15 所示的目录。

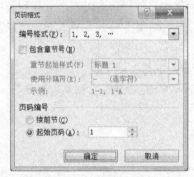

图 2.14　页码格式设置

第 1 章 大熊猫..1
1.1 起源进化..1
1.2 分布范围..2
1.2.1 秦岭山系..2
1.2.2 岷山系..2
1.2.3 邛崃山系..2
第 2 章 小熊猫..3
2.1 外形特征..3
2.2 分布范围..3
2.3 生活习性..4

图 2.15　文档目录

创建了目录后，一旦文档改变，页码也将随之改变，如果目录与页码不对应，这时可以更新目录，方法是：右键单击目录任何位置，在弹出的快捷菜单中选择“更新域”，屏幕上就出现一个“更新目录”对话框。用户可以根据需要选择要更新的项目，单击“确定”按钮即可。

【题目 4】标记索引项并建立索引

使用图 2.12 所示的实验样本，要求建立如图 2.16 所示的索引，可以看出，共需建立“小鸟”、“小熊猫”、“大熊猫”等多项索引。其中，“九节狼”等作为次索引项，而“大熊猫”则作了全部标记，因此从页码中可以看出它包含在第 1、2 页中。

三划

大熊猫..1, 2
小鸟..4
小熊猫..3
九节狼..3
红熊猫..3

十一划

猫熊..1

十四划

熊猫..1

图 2.16　文档索引

1．标记索引项

❶ 在文档中选择文字“小鸟”，选择“引用”功能区→“索引”组→“标记索引项”，打开“标记索引项”对话框，在“主索引项”处自动出现文字“小鸟”，单击“标记”按钮，就将“小鸟”标记为索引项。

❷ 采用与❶相同的方法，分别把“小熊猫”、“猫熊”等标记为索引项。

❸ 在文档中选择文字“九节狼”，采用与❶相同的方法打开“标记索引项”对话框，在“主索引项”处删除原有文字，输入文字“小熊猫”，在“次索引项”处输入文字“九节狼”，单击“标记”按钮，就将“九节狼”标记为“小熊猫”下的次索

引项。同样，将"红熊猫"标记为次索引项。

❹ 在文档中选择文字"大熊猫"，采用与❶相同的方法打开"标记索引项"对话框，单击"标记全部"命令按钮，就对文档中所有"大熊猫"进行了索引标记。

2. 创建索引

❶ 单击希望插入索引的位置。

❷ 选择"引用"功能区→"索引"组→"插入索引"，打开"索引"对话框。

❸ 选择索引"栏数"为 1，选择"格式"为"正式"，单击"确定"按钮，这时就产生了如图 2.16 所示的索引。

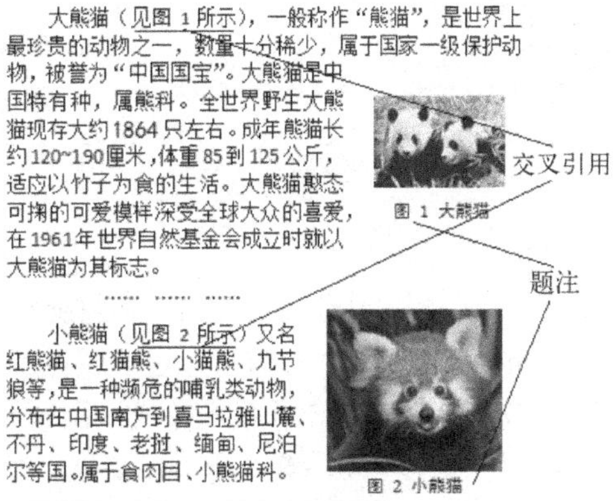

【题目 5】创建题注与交叉引用

使用图 2.12 所示的实验样本，创建题注与交叉引用。

为了查看题注和交叉引用的效果，这里先插入第 2 张图及交叉引用，再插入第 1 张图及交叉引用。当用户做过打印预览等可更新域的操作后，可以发现编号自动重新排列。

先在插入一张小熊猫的图，加上题注"图 1 小熊猫"（因为是先插入的，所以题注编号从 1 开始），并在如图 2.17 标示的位置中使用文字"（见图 1 所示）"，再插入一张大熊猫的图，加上题注，同样在如图 2.17 标示的位置上使用参见文字（具体操作时也可用其他图替代）。

图 2.17　交叉引用示例

如果这些图的编号是手工输入的，则在插入"小熊猫"图后再插入一张图，那么"小熊猫"的图编号就不会自动变为 2；如果这些参见文字的图编号是手工输入的，那么真正的图编号发生改变，则参见文字处的图编号同样不会改变。为了能使图编号随着图位置的变化而变化，应使用题注；为了能使参见文字处的图编号能随着具体的图编号而变化，应使用交叉引用。

1. 插入图片和题注

❶ 插入文本框。在合适的位置，如第 2 章第 1 段旁，选择"插入"功能区→"文本"组→"文本框"→"简单文本框"，插入一个文本框，然后删除文本框中的文字，回车（使文本框中有 2 个段落标记）。

❷ 插入图片。光标位于文本框内第一行，选择"插入"功能区→"插图"组→"图片"，插入图片（或从别处复制一张图片到文本框中）。

❸ 设置环绕方式。单击文本框边框，使用"绘图工具"→"格式"功能区→"排列"分组→"自动换行"命令，选择"四周形环绕"，再将文本框拖到页面右侧。

❹ 取消文本框边框线。单击文本框边框，使用"绘图工具"→"格式"功能区→"形状样式"分组→"形状轮廓"命令，使文本框"无轮廓"。

❺ 插入题注。光标位于文本框内第 2 行（图片下方），使用"引用"功能区→"题注"分组→"插入题注"命令，出现"题注"对话框，从中单击"新建标签"按钮，出现"新建标签"对话框，输入文字"图"，单击"确定"按钮，回到"题注"对话框。再单击"确定"按钮，就在光标所在位置插入了题注"图 1"，接着在其后输入文字"小熊猫"即可。再将题注"居中"。

说明：如果标题采用自动编号，则可以在"题注"对话框中使用"编号"按钮，要求"包含章节号"，这样在插入题注时自动加上章节号。如果插入的题注不在图所在的文本框中，则将其移动到图所在的文本框中。

❻ 按上面步骤❶～❹添加大熊猫的图，然后将题注"图 1"复制到大熊猫的图的下方，再输入文字"大熊猫"。

这样，事实上已插入了两幅图及其题注。但从表面上看，显示的均为"图 1"，若想立即看到效果，可以使用"更新域"命令。

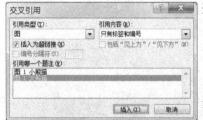

图 2.18　"交叉引用"对话框

2．插入交叉引用

❶ 将光标移动第一段的"大熊猫"之后，输入"（见"。

❷ 选择"引用"功能区→"题注"组→"交叉引用"，打开如图 2.18 所示的对话框。

❸ 在"引用类型"中选择"图"，在引用内容处选择"只有标签和编号"，在"引用哪一个题注"中选择"图 1 大熊猫"，单击"插入"按钮（这时"取消"按钮就自动变为"关闭"按钮），再单击"关闭"按钮。这里，图中的两个图 1 是因为没有进行过"域更新"的操作。

❹ 交叉引用插入工作已经完成，再输入后面的"所示）"。

❺ 按上面步骤❶～❹，为"小熊猫"加上交叉引用。

3．域更新

使用一次"打印（预览）"命令或按 Ctrl+A 组合键，全选文档后，再按 F9 功能键，再次查看原来的题注和引用处，发现已与图 2.17 一致。也可以选择域，在快捷菜单中选择"更新域"命令。

事实上，一般在做了一次更改后，应及时进行域的更新操作。

如果要删除交叉引用，可以选择交叉引用处，直接按 Delete 或 Backspace 键。

【题目 6】制作水印

使用图 2.12 所示的实验样本，要求：对每一页使用图片水印，然后在文档下方生成如**错误！未找到引用源。**2.19(a)所示的水印图案。

(a)　　　　　　　　　　　　　　　(b)

图 2.19　"设置形状格式"对话框及示例

1．使每一页都有相同的水印图案（或文字）

❶ 选择"页面布局"功能区→"页面背景"分组→"水印"→"自定义水印"。

❷ 在弹出的"水印"对话框中选中"图片水印"单选钮，再单击"选择图片"按钮，在计算机中选择一张图片，回到"水印"对话框中，单击"确定"按钮。

若使用文字水印，可以在"水印"对话框中选中"文字水印"单选钮，在"文字"处输入要作为水印的文字，最后单击"确定"按钮。

2．局部生成水印

局部生成水印可采用如下两种方法。

方法一：采用让文本框中的文字叠在已插入的图片或图形上。

❶ 插入图形或图片（见图 2.19(a)）。

❷ 插入文本框并输入文字，设置文字格式，去掉边框线；再将文本框移到图片或图形上。

❸ 右键单击文本框的边框，在弹出的快捷菜单中选择"设置形状格式"，出现"设置形状格式"对话框；选择左侧的"填充"，设置透明度为 50%，如图 2.19(b)所示，单击"关闭"按钮。这时出现水印效果。如果效果不够好，可以重新调整透明度。

方法二：不使用文本框，直接将图片作为当前页某处的水印图案。

❶ 插入图片（见图 2.19(a)）。

❷ 选择图片，使用"图片工具"→"格式"功能区→"调整"组→"颜色"→"重新着色"中的"冲蚀"（图片颜色太深，上面的文字会看不清）。

❸ 右键单击图片，在弹出的快捷菜单中选择"自动换行"→"衬于文字下方"命令。

❹ 拖动图片至合适位置，并按需要调整其大小即可。

【题目 7】插入公式

在图 2.12 所示的实验样本最后输入一个一元二次方程的求根公式：

$$x = \frac{-b \pm \sqrt{b^2 - 4ac}}{2a}$$

最后保存文件，取名"Word 练习-2.docx"。

❶ 将插入点移到要插入公式的位置，选择"插入"功能区→"符号"组→"公式"命令，出现如图 2.20 所示的公式工具，并在插入点处出现公式编辑框，可以在公式编辑框中输入公式。

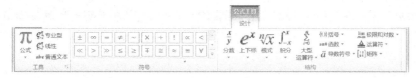

图 2.20 "公式工具 - 设计"功能区

❷ 输入"x="；单击分数模板 $\frac{x}{y}$，选择"分数（竖式）"，在分子中输入"-b"。

❸ 单击运算符号模板 ±，即输入±。

❹ 单击根式模板 $\sqrt[n]{x}$，选择"平方根"。

❺ 光标置于平方根内，单击上下标模板 e^x，选择"上标"，在相应位置分别输入"b"和平方数"2"。

❻ 按光标右键→，使后面输入的文字不属于上标部分，再输入"-4ac"。

❼ 单击分母处，输入分母"2a"；在公式编辑框外任意处单击鼠标，结束公式输入。

❽ 保存文件。

【题目 8】邮件合并

假定图 2.21(a)所示表格含有 100 位学生信息，现要实现以下操作：

通知

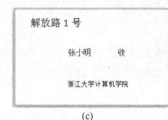

	A	B	C
1	姓名	E-mail	地址
2	张小明	zxm@abc.com	解放路1号
3	张剑一	xjy@abc.com	人民路2号
4	李嘉炜	ljw@abc.com	光明路3号
5	平良建	plj@abc.com	宁波路4号
6	袁小瑜	yzy@abc.com	台州路5号
7	陈伟	cw@abc.com	浙大路6号
8	周平	zp@abc.com	文一路7号
9	刘荣	lr@abc.com	古翠路8号
10	刘伟伟	lww@abc.com	天目山路9号
11	顾斌斌	gbb@abc.com	莫干山路10号
12	冯蕾	fg@abc.com	黄姑山路11号
13	……		

(a)

张小明同志：您好！

请您在2017年3月23日（星期五）上午9:30到浙江大学紫金港校区计算中心12号机房参加综合上机练习。

　　　　培训中心
　　　　2012年3月

(b)

解放路1号

　　张小明　　收

浙江大学计算机学院

(c)

(d)

图 2.21　邮件合并相关素材与部分操作对话框

（1）建立 100 份简单通知，通知内容如图 2.21(b)所示，其中的姓名应该各不相同，且来自图 2.21(a)中的数据，并将该文档保存为"Word 练习-3.docx"。

（2）打印 100 份如图 2.21(c)所示的信封，其中的姓名和地址应该各不相同，且来自图 2.21(a)中的数据，并将该文档保存为"Word 练习-4.docx"。

（3）发 100 份 E-mail，内容如图 2.21(b)所示，对应的 E-mail 地址来自图 2.21(a)中的数据。

首先，利用 Excel 在 Sheet3 中创建一份电子表格，其内容如图 2.21(a)所示，取名为"信息.xlsx"。

1. 建立 100 份通知

❶ 创建主文档。主文档即包含了文档的固定内容，可以像创建普通 Word 文档一样，输入相应的内容，本题要求输入图 2.21(b)中除"姓名"以外的全部内容。

❷ 使用邮件合并命令。单击"邮件"功能区→"开始邮件合并"组→"开始邮件合并"→"邮件合并分步向导"，出现邮件合并窗格，之后可按向导进行操作。

❸ 选择文档类型。在邮件合并窗格的选择文档类型中选择"信函"，再单击"下一步：正在启动文档"按钮。

❹ 选择主文档。在邮件合并窗格的选择开始文档中，选择"使用当前文档"，单击"下一步：选取收件人"按钮。

❺ 选择数据列表。在邮件合并窗格的选择收件人中，选择"使用现有列表"，单击"浏览"，找到文件"信息.xlsx"，单击"打开"；再选择"Sheet3"，单击"确定"按钮，在出现的"邮件合并收件人"对话框中可以添加或更改列表，现在不作更改，单击"确定"按钮。然后单击"下一步：撰写信函"按钮。

❻ 主文档中插入合并（数据）域。将光标移动到文档中要插入姓名的地方（即"同志"之前），在邮件合并窗格的撰写信函中，单击"其他项目"，出现"插入合并域"对话框（如图 2.21(d)所示），从中选择"姓名"，单击"插入"按钮，再单击"关闭"按钮，这时光标所在处会出现"<<姓名>>"。单击"下一步：预览信函"按钮。

❼ 预览合并后的效果。在邮件合并窗格的预览信函中单击">>"或"<<"按钮，可以预览姓名不一的各份通知，也可以根据需要进行排除某人等的操作。单击"下一步：完成合并"按钮。

❽ 打印或生成含 100 份通知的普通文档。在邮件合并窗格的完成合并中单击"打印"，可以打印这 100 份通知。本题单击"编辑单个信函"，在出现的"合并到新文档"对话框中选择"全部"，单击"确定"按钮。这时产生一个新的文档，该文档含有 100 份通知，且姓名各异，像普通文档一样可编辑。

❾ 保存。保存该文档，取名为"Word 练习-3"。最后，关闭或保存原通知文档。

2. 打印 100 只信封

该操作仍可以使用上题的方法，即选择"邮件"功能区→"开始邮件合并"组→"开始邮件合并"→选择"邮件合并分步向导"。不过下面采用另一种方式。

❶ 在 Word 中新建空白文档。

❷ 使用邮件合并命令。在"邮件"功能区中选择"开始邮件合并"组→"开始邮件合并"→"信封"，出现"信封选项"对话框，从中选择一种信封尺寸，也可以进行一些相应的设置，单击"确定"按钮。这时纸张大小自动按选择的信封做了调整。

❸ 选择数据列表。在"邮件"功能区中选择"开始邮件合并"组→"选择收件人"→"使用现有列表"，找到文件"信息.xlsx"，单击"打开"；再选择"Sheet3"，单击"确定"按钮。

❹ 在主文档中插入合并（数据）域。将光标移动到文档中要插入收件人地址的地方（即左上角），在"邮件"功能区中选择"编写和插入域"组→"插入合并域"，在出现的"插入合并域"对话框中选择"地址"，单击"插入"按钮，再单击"关闭"按钮。这时光标所在处就会出现"<<地址>>"。选择"<<地址>>"，设置字号为"三号"。

采用类似的方法，在收件人姓名处插入"<<姓名>>"域，并在之后输入一些空格，再输入文字"收"。

❺ 输入寄件人。在寄件人姓名处直接输入"浙江大学计算机学院"。

❻ 产生含有 100 个信封的普通文档。在"邮件"功能区中选择"完成"组→"完成并合并"→"编辑单个文档"，在出现的"合并到新文档"对话框中选择"全部"，单击"确定"按钮。这时产生一个新的文档，该文档含有 100 个信封，且地址和姓名各异。

❼ 打印或保存。打印文档，并保存文档为"Word 练习-4.docx"。

3. 发 100 份 E-mail

❶ 创建主文档。在 Word 中输入图 2.21(b)中除姓名以外的全部内容。

❷ 使用邮件合并命令。选择"邮件"功能区→"开始邮件合并"组→"开始邮件合并"→"电子邮件"。

❸ 添加数据列表。采用与信封操作❸相同的方法，添加数据源。

❹ 在主文档中插入合并域。采用与信封操作❹相同的方法，在"同志"前插入"<<姓名>>"。

❺ 确定收件人、邮件主题，生成邮件。单击"邮件"功能区→"完成"组→"完成并合并"，选择"发送电子邮件"，在"合并到电子邮件"对话框中将收件人选择"Email"（"E-mail"为 Excel 中邮件地址列的标题，但不符合命名规则，故自动变为"Email"），主题行处输入"通知"，发送记录选择"全部"，单击"确定"按钮。这时会产生 100 个 E-mail 邮件。

❻ 查看邮件并发送。打开 Microsoft Outlook，可以发现在"发件箱"或"已发送邮件"中有这 100 封主题为"通知"的邮件，如果这时邮件尚未发出，那么可单击 Microsoft Outlook "发送/接收"→"全部发送"命令。

五、操作题

1. 完成题目 1，将文档保存在 E 盘的"练习"文件夹中，取名为"Word 练习-1.docx"。

2. 在快速访问工具栏中添加一个"插入公式"的按钮，使得用户可以在插入点所在位置快速、方便地插入数学公式。

3. 新建文档插入如图 2.22 所示的课程表，其中"课程表"三个字使用艺术字。将该文件取名为"Word 练习-5.docx"

4．在"Word 练习-5.docx"中换页，输入如图 2.23 所示文档，并建立两个脚注。

图 2.22　课程表

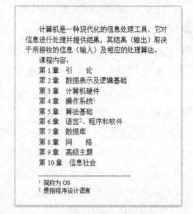

图 2.23　脚注练习

5．打开修订方式，在如图 2.23 所示文档中，删除文字"（输出）"，在文字"输入"后插入"数据"两字，并把文字"课程内容"设置为"加粗"。观察与不采用修订方式的不同之处。然后接收或拒绝所做的修订。要求：接收删除、拒绝插入、接收格式修改。

6．将文档中"高级主题"这 4 个字设置一个宽度为 3 磅的黄色文字实线阴影边框。第一个段落的首字"计"设置首字下沉 2 行。（提示：边框用"边框和底纹"命令，首字下沉用"插入"功能区中的相关命令。）

7．在图 2.23 所示文档中再输入包含个别英文单词的 4 个段落的文字（内容自定），然后对新输入的内容进行以下操作：

（1）将英文字母格式全部改为红色斜体。

（2）将正文字间距设置为加宽 5 磅。

（3）将第一段文字左右各缩进 2 字符，行距为 1.5 倍行距。

（4）将第三段文字首行缩进 3 个字符，段前、段后间距各为 12 磅和 8 磅。

（5）利用格式复制，使第二段与第三段段落格式相同。

（6）将第一段段落格式定义为样式，取名为"ABC"，并应用于最后一段。（提示：创建和应用样式均可以使用"开始"功能区的"样式"分组中的命令。）

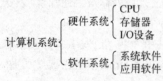

图 2.24　自选图形练习

8．在文档下方插入公式：

$$J_1(x) = \sum_{k=0}^{\infty} \frac{(-1)^k \left(\frac{x}{2}\right)^{2k+1}}{k!(k+1)!}$$

9．为文档添加文字水印，文字内容为"计算机科学基础实验"。

10．利用插图形状和文本框，在文档最后，输入图 2.24 所示形式的内容，并将其组合为一个整体。

11．保存文件"Word 练习-5.docx"，再另存为"纯文本""Word 练习-5.txt"。

六、实验报告

1．写出完成操作题的步骤。

2．附上完成的文档。

实验二 PowerPoint 2010 操作

一、实验目的

掌握 PowerPoint 2010 演示文稿的基本操作和高级操作。

二、实验任务与要求

1．掌握演示文稿的创建、打开和保存的方法。
2．掌握演示文档的简单排版的方法。
3．设置简单动画。
4．实现幻灯片放映。
5．实现多媒体对象的插入。
6．建立超链接和动作按钮。
7．建立自定义放映。
8．打印演示文稿的。

三、知识要点

由 PowerPoint 2010 创建的文件称为演示文稿，其默认的文件扩展名为 .pptx。

1．新建演示文稿

新建演示文稿时可根据"Office.com 模板"、"主题"和"空白演示文稿"等方法来建立。

模板是指预先设计了外观、标题、文本图形格式、位置、颜色及演播动画的幻灯片的待用文档。"Office.com 模板"为 Office 用户免费提供了多种实用的模板资源，用户可以在 Office.com 模板库中自由下载。这些模板包括表单表格、贺卡、证书、奖状、日历、计划、评估报告和管理方案等。

"主题"可以作为一套独立的选择方案应用于文件中，主题是主题颜色、字体和效果三者的组合。使用主题可以简化演示文稿的设计过程，使演示文稿具有某种风格。

"空白演示文稿"使用户像在白纸上制作一样，各种格式由用户自行设置。

2．视图

PowerPoint 2010 提供了多种视图，分别用于突出编辑过程的不同部分。

改变视图可用"视图"功能区，或使用屏幕下方状态栏右侧如图 2.25 所示的视图按钮。

图 2.25　视图按钮

普通视图： 由左窗格、幻灯片窗格和备注窗格组成，如图 2.4 中的界面。幻灯片窗格可以编辑幻灯片中各对象，如文字、图形、表格等。备注窗格中可以输入备注文字。左窗格中有两张选项卡（标签），分别为"幻灯片"和"大纲"。"幻灯片"选项卡中以缩略图方式显示多张幻灯片，并可选择多张幻灯片进行移动、删除等操作；"大纲"选项卡主要显示并可编辑各张幻灯片中大纲形式的文字，不包含图形等其他对象。

幻灯片浏览： 在主窗口中，以缩略图显示演示文稿中的多张幻灯片，并可以对幻灯片进行删除、移动等重新排列和组织，但不能对幻灯片中的具体内容进行编辑。

阅读视图： 在方便审阅的窗口中查看演示文稿，而不是使用全屏的幻灯片放映视图。此时，如果更改演示文稿，可以随时从阅读视图切换至其他某个视图。

幻灯片放映： 全屏观看放映效果，放映从当前幻灯片开始。

3．设计幻灯片外观

这里先了解占位符的概念。占位符是指创建新幻灯片时出现的虚线方框，如图 2.4 中的幻灯片显示有 2 个占位符。这些方框作为放置幻灯片标题、文本、图表、表格等对象的位置，实际上它们是预设了格式、字形、颜色、图形、图表位置的文本框。

设计幻灯片外观可以使用模板、主题、母版、配色方案和幻灯片版式等方法。

母版分为幻灯片母版、备注母版和讲义母版。幻灯片母版是特殊的幻灯片，是幻灯片层次结构中的顶层幻灯片，存储着有关演示文稿的主题和幻灯片版式的信息，包括背景、颜色、字体、效果、占位符大小和位置。每个演示文稿至少包含一个幻灯片母版，修改幻灯片母版，可以实现对演示文稿中的每张幻灯片进行统一的样式更改。用户也可以自己添加占位符。

主题是一组统一的设计元素，使用统一的颜色、字体和图形背景等外观。

幻灯片版式是 PowerPoint 预先设计好的，创建新幻灯片时，用户可以从中选择需要的版式，不同的版式，对标题和副标题文本、列表、图片、表格、图表、自选图形和视频等元素有不同的排列方式。有的版式有两项，有的版式有三项或更多的项。每项属于一个占位符，用户可以移动或重置占位符的大小和格式，使它与幻灯片母版不同。

应用一个新版式时，所有的文本和对象仍都保留在幻灯片中，但是要重新排列它们，以适应新的版式。

4．动画和切换效果

动画是可以添加到文本或其他对象（如图表、图形或图片）的特殊视听效果，用于突出重点或增加演示文稿的趣味性，如将幻灯片中的标题设计成自底部飞入。

幻灯片切换是将一些特殊效果，作为幻灯片放映时引入的形式，即从一张幻灯片变换成另一张幻灯片时的动画设置。用户可以选择不同的切换并改变其速度，也可以改变切换效果，以引出演示文稿新的部分或者强调某一张重要的幻灯片。

5．超级链接和动作按钮

PowerPoint 2010 允许用户在演示文稿中添加超链接。单击超链接，就会跳转到某个文件或文件中的某个位置，甚至可以跳转到 Internet 的某个网页上。超链接将在幻灯片放映时被激活。

动作按钮包含了一些形状，如左箭头和右箭头等，类似于超链接，可以插入到演示文稿的幻灯片中，并为这些按钮定义超链接。使用这些按钮可以使幻灯片在演示时，通过鼠标单击迅速转到下一张、上一张、第一张、最后一张幻灯片或中间某一张等。

6．放映类型

PowerPoint 2010 提供了 3 种放映类型。

❖ 演讲者放映（全屏幕）：运行全屏显示的演示文稿，是最常用的方式。这种方式下，往往是演讲者边讲边演示。此时，由演讲者控制放映。

❖ 观众自行浏览（窗口）：类似"阅读视图"，选择此选项可运行小屏幕的演示文稿，即放映的演示文稿出现在窗口内，而且该窗口提供了幻灯片放映时的一些常用命令。

❖ 在展台浏览（全屏幕）：可自动、反复运行演示文稿。例如，在展览会场或会议中需要运行无人值守的幻灯片放映时，可以设置该放映类型。

7. 排练计时

排练计时用于设置演示文稿自动放映的速度，因为速度会影响观众的反应，速度过快，观众会跟不上；太慢，观众又会不耐烦。通过排练计时，掌握最理想的放映速度。

8. 隐藏幻灯片

用户可以隐藏幻灯片，让演示文稿中的某些幻灯片在正常放映时不显示，但仍可以根据需要，采用超链接的方法给予显示。

四、实验步骤与操作指导

【题目9】创建演示文稿

创建、编辑如图 2.26 所示的演示文档，并保存为"杭州.pptx"。

(a)

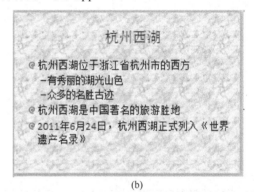

(b)

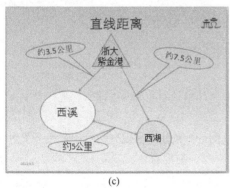

(c)

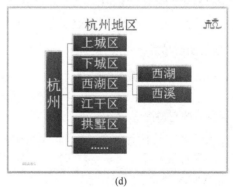

(d)

图 2.26　编辑幻灯片示例

1. 启动，并建立第一张幻灯片（文字）

启动 PowerPoint 2010 后，在普通视图的幻灯片窗格包含两个占位符，在占位符中分别输入标题和副标题。

2．建立第二张幻灯片（文字）

❶ 单击左窗格"幻灯片"选项卡中的第一张幻灯片，回车，这样在第 1 张幻灯片的后面插入了一张新幻灯片，默认版式为"标题和内容"，也有两个占位符。

❷ 在标题占位符和内容占位符中分别输入图 2.26(b)中的文字。文本占位符中每个子标题需要升、降级时，可以使用 Tab 键或 Shift+Tab 组合键。

每个子标题前的项目符号是自动出现的，不同级别的符号不一定一样，用户可以根据需要重新设置其他形式的项目符号。

3．插入其他文档中的幻灯片

假定另有文件"杭州 1.pptx"，内含如图 2.27 所示的幻灯片，现将它插入到第 1 张与第 2 张幻灯片之间，操作过程如下。

❶ 当前光标定位于第 1 张幻灯片，选择"开始"功能区→"幻灯片"组→"新建幻灯片"的下箭头，从中选择"重用幻灯片"，出现"重用幻灯片"窗格，选择"浏览"→"浏览文件"，在出现的"浏览"对话框中选择插入的文件"杭州 1.pptx"，则"重用幻灯片"窗格如图 2.28 所示。

图 2.27　幻灯片　　　　　　　　　　图 2.28　"重用幻灯片"窗格

❷ 在"重用幻灯片"窗格的下方显示幻灯片缩图，如果有多张幻灯片，就会出现多个缩略图，单击幻灯片缩图，该幻灯片就插入到当前演示文稿当前幻灯片之后。

4．设置图形项目符号

光标移到图 2.26(b)所在幻灯片，进行如下操作。

❶ 单击文字"杭州西湖位于…"任意位置，选择"开始"功能区→"段落"组→"项目符号"边的箭头→"项目符号和编号"。

❷ 在出现的"项目符号和编号"对话框中单击"图片"按钮，出现"图片项目符号"对话框，从中选择所需的图形符号（或"导入"其他图片），单击"确定"。

❸ 格式刷复制其他同级标题。

5．设置应用主题，并改变配色方案

❶ 在左窗格"幻灯片"选项卡中同时选择前 2 张幻灯片，选择"设计"功能区→"主题"组→"波形"，这时"波形"主题就已应用于前 2 张幻灯片。

❷ 如果需要更改该主题下的配色方案，可以在"主题"组中单击"颜色"，选择一种内置配色方案即可。

6. 设置背景

❶ 选择图 2.26(b)所示的幻灯片，选择"设计"功能区→"背景"组→"背景样式"→"设置背景格式"。

❷ 出现"设置背景格式"对话框，单击左边的"填充"，然后在右边选中"图片或纹理填充"单选按钮。

❸ 单击"纹理"下拉列表，从中选择"白色大理石"纹理，单击"关闭"按钮。

7. 插入日期

插入日期可以使用"插入"功能区→"文本"组→"日期和时间"命令，这时打开"页眉和页脚"对话框，勾选"日期和时间"复选框，并选中"自动更新"单选按钮，再单击"全部应用"按钮。

8. 插入图片

选中第 1 张幻灯片，选择"插入"功能区→"图像"组→"图片"，然后插入一幅图，可以改变它的大小，并把它移到幻灯片的右下方。

9. 改变标题幻灯片主标题文字格式

❶ 将占位符文本框中的文字"美丽杭州"设置为黑色、倾斜、加粗、隶书，字号为 80。

❷ 选择步骤❶中的占位符文本框，按 Ctrl+C 组合键复制，再按 Ctrl+V 组合键粘贴，这样就复制了一个相同的文本框，去掉新文本框中文字的倾斜，并将文字颜色设置为较浅的颜色。

❸ 设置具有浅色文字的文本框的叠放次序为"置于顶层"（可以右键单击文本框边框，在弹出的快捷菜单中选择相应命令），再将该文本框拖到黑色文字的文本框上，形成重叠效果。

10. 插入形状（制作图 2.26(c)所示的幻灯片）

❶ 末尾插入一张新幻灯片。在标题占位符中输入"直线距离"，删除文本占位符。

❷ 选择"插入"功能区→"插图"组→"形状"→"椭圆"工具，在相应位置上分别画 2 个椭圆；选择"等腰三角形"工具，在相应位置画一个三角形。然后选择"绘图工具"→"格式"功能区→"形状样式"分组→"形状填充"工具，将它们设置为其他填充色。

❸ 选择"插入"功能区→"插图"组→"形状"→"线条"→"双箭头"，绘制 3 条带有双箭头的直线。绘制时，也可以让直线端点依附于椭圆或三角形形状。

❹ 选择"插入"功能区→"插图"组→"形状"→"标注"→"椭圆形标注" ♡，在幻灯片中绘制 3 个标注，然后使用"形状填充"工具将它们设置为无填充颜色。

❺ 选择标注。标注的箭头上出现一个黄色标记（如图 2.29 所示），当鼠标指针指向它时，鼠标指针变成◁形状，拖动鼠标到需要标注的位置上。在选择标注后，控点之外有一个绿色点，鼠标指向它时，指针变成↻形状，拖动鼠标使标注旋转。

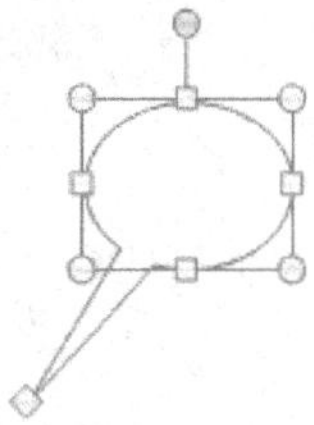

❻ 右键单击椭圆，在弹出的快捷菜单中选择"编辑文字"，输入文字，并设置文字颜色为黑色。用同样的方法，对另一个椭圆和三个标注编辑文本，输入文字。

图 2.29　标注

❼ 选择"插入"功能区→"文本"组→"文本框"，制作一个文本框，并输入文字"浙大紫金港"，再将它移到三角形形状上，调整大小到合适的位置，与三角形形状进行"组合"。

说明：三角形形状中也可以直接添加文字，但效果不好，如果使用文本框，则大小、位置调整比较灵活。

❽ 为该幻灯片设置背景样式为"渐变"填充效果。

11. 插入 SmartArt 图形（制作图 2.26(d)所示的幻灯片）

❶ 末尾插入一张新幻灯片，输入标题文字。单击文本占位符内的"插入 SmartArt 图形"，打开"选择 SmartArt 图形"对话框，在左边选择"层次结构"，再选择右边的"水平多层层次结构"，单击"确定"按钮。这时幻灯片已出现第二层仅三项的层次图。

❷ 添加第二层形状元素。选中第二层最后一个形状元素并单击右键，在弹出的快捷菜单中选择"添加形状"→"在后面添加形状"，这样第二层就是 4 个形状元素。采用同样的方法，在第二层中再添加 2 个形状元素。

❸ 添加第三层形状元素。选中第二层第 3 个形状元素并单击右键，在弹出的快捷菜单中选择"添加形状"→"在下方添加形状"。用类似的方法，在第三层添加第 2 个形状元素。

❹ 输入文字。单击各形状元素，直接输入所有文字。若不能输入，可以利用快捷菜单中的"编辑文字"命令。

❺ 改变文字"杭州"的方向。右键单击"杭州"所在形状元素，在弹出的快捷菜单中选择"设置形状格式"，在出现的对话框中单击左边的"文本框"，再在右边的"文字方向"下拉组合框中选择"所有文字旋转 90°"，单击"关闭"按钮。

❻ 修饰。单击第一个形状元素，按住 Shift 键，再单击其他形状元素，即选中所有的非线条形状元素。单击右键，在弹出的快捷菜单中选择"设置形状格式"，打开"设置形状格式"对话框，可以设置填充、线条颜色等效果。在此选择"填充"→"渐变填充"，预设颜色为"红日西斜"，方向为"线性对角-左下到右上"，单击"关闭"按钮。

12. 使用母版插入标志性图案

由于要求每张幻灯片都要有标志性图案，如果有几十张甚至上百张幻灯片，一张张地插入，就显得效率低下。解决的方法是使用母版。

图 2.30　幻灯片母版

❶ 选择"视图"功能区→"母版视图"组→"幻灯片母版"，打开如图 2.30 所示的幻灯片母版。

❷ 插入图片。

❸ 消除图案背景。选择已插入的标志性图案，选择"图片工具"→"格式"功能区→"调整"组→"删除背景"，自动会消除部分背景。若不满意，选择"背景消除"功能区的"标记要保留的区域"或"标记要删除的区域"，这时鼠标移动到图案上时鼠标指针变成了笔状，可以对需要保留或删除的地方进行单击，最后单击"背景消除"功能区的"保留更改"按钮。

❹ 调整已插入的图片的大小和位置，调整标题占位符的大小，如图 2.30 右上角所示。最后关闭母版视图。

这时发现未设主题的幻灯片上都有了标志性图案。本来标志性图案的背景为白色，消除背景后就看不到白色了。

13. 对文字设置动画

选择"上有天堂，下有苏杭"所在幻灯片，并切换到"动画"功能区。下面的操作都是利用"动画"功能区进行的。

❶ 单击标题"杭州"的任意位置，在"动画"组中选择"飞入"，再在"动画"组的"效果选项"中选择"自右侧"。

❷ 选择文本占位符，在"高级动画"组中选择"添加动画"→"更多进入效果"，在出现的"添加进入效果"对话框中选择"百叶窗"，单击"确定"按钮。然后在"动画"组的"效果选项"中选择"垂直"，在"计时"组中设置持续时间为00.50秒。

❸ 单击"动画"分组的右下角 图标处，打开"百叶窗"对话框，在"效果"选项卡中选择声音为"风铃"，单击"正文文本动画"选项卡，在组合文本中选择"按第二级段落"（否则最后两行将同时出现），单击"确定"按钮。

说明：若要取消动画效果，可以在"动画"组的动画效果列表框中选择"无"。

14. 对图形设置动画

选择"直线距离"所在幻灯片，并切换到"动画"功能区。

❶ 按图2.31中标注的次序，选择"直线距离"的标题占位符，然后单击"高级动画"组→"添加动画"，在列表中选择"动作路径"为"形状"，这时幻灯片中"直线距离"附近有一个虚线的椭圆，可以调整该椭圆的形状和位置。

❷ 单击"西湖"所在形状，使用"高级动画"组→"添加动画"，选择"进入"时的效果为"出现"。然后分别按图2.31标注的次序添加动画，选择"进入"时的效果为"出现"。

如果次序不合适，可以单击动画窗格（如图2.32所示）的"重新排序"旁的箭头，然后调整次序。打开动画窗格的方法是使用"高级动画"组→"动画窗格"命令。

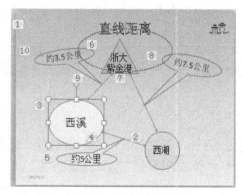

图2.31　设置动画顺序

图2.32　动画窗格

通过这样的设置，该幻灯片在放映时，每单击一下鼠标，就会按序出现一个相应的元素。

15. 设置切换效果

❶ 单击左窗格中的任一幻灯片，按Ctrl+A组合键选中所有幻灯片，或切换到"幻灯片浏览视图"，按Ctrl+A组合键，选中所有幻灯片。

❷ 单击"切换"功能区→"切换到此幻灯片"组的切换效果列表框滚动条的下箭头 ，选择"立方体"效果。

16. 幻灯片放映

选择第一张幻灯片，单击窗口状态栏右侧的幻灯片放映按钮 ♀，或使用"幻灯片放映"功能区→"开始放映幻灯片"组→"从头开始"命令。

最后保存文件，取名为"杭州.pptx"。

【题目 10】插入多媒体信息

首先建立一个内容如下的文件"自我介绍.pptx"，包含 8 张幻灯片。要求：在第 1 张幻灯片中插入一个 MP3 文件，并使音乐延续到幻灯片放映结束；为每张幻灯片添加旁白；在第 8 张空白幻灯片中插入一幅 AVI 视频，并要求剪裁视频，只播放其中片断。

我	介绍 我来自...	家庭 学习 爱好 照片	家庭	学习	爱好	照片	......

1. 创建"自我介绍.pptx"

建立包含 8 张幻灯片的演示文稿，输入其中的文字，插入其中的照片。

2. 插入声音文件

❶ 单击左窗格"幻灯片"选项卡中的第一张幻灯片，选择"插入"功能区→"媒体"组→"音频"，打开"插入音频"对话框。

❷ 从中找到并选择要插入的声音文件，单击"插入"按钮。

❸ 这时幻灯片中会出现一个小喇叭的图标 ◀ 和一个含有"播放/暂停"等按钮的"音频工具"，并可以进行试听。

此时只要放映该幻灯片并单击该喇叭图标，就会有歌声出现，但是切换到下一张幻灯片时，歌声就会停止，解决的方法是继续以下操作。

❹ 单击幻灯片中的喇叭图标，选择"音频工具"→"播放"功能区→"音频选项"组→"开始"下拉列表框→"跨幻灯片播放"，此时如果希望播放时不显示喇叭图标，可以在"音频选项"分组中勾选"放映时隐藏"复选框。

3. 录制旁白

❶ 单击第一张幻灯片，选择"幻灯片放映"功能区→"设置"组→"录制幻灯片演示"，打开"录制幻灯片演示"对话框，从中可以选中"幻灯片和动画计时"、"旁白和激光笔"复选框，单击"开始录制"按钮。

❷ 这时开始播放幻灯片，并同时可以开始用麦克风录音。

❸ 录完一张后，单击鼠标，切换到下一张幻灯片继续录音，直到全部结束。

这样旁白及相应排练计时已经保存到每张幻灯片中，当保存文件时，发现文件大小比没有旁白时明显大了很多。

若要去掉已录制的旁白或排练计时，选择"幻灯片放映"功能区→"设置"组→"录制幻灯片演示"命令文字处（即按钮的下半部分）→"清除"→"清除所有幻灯片中的计时"或"清除所有幻灯片中的旁白"。当然，也可以只清除当前幻灯片的计时或旁白。

4．插入视频

PowerPoint 2010 支持使用多种视频文件。

图 2.33　剪裁视频

❶ 单击第 8 张幻灯片，选择"插入"功能区→"媒体"组→"视频"，打开"插入视频文件"对话框。

❷ 从中选择视频文件，单击"插入"按钮。这时幻灯片中会出现视频图片和"视频工具"，并可以进行试看。

❸ 根据需要改变视频对象的大小。若让它在放映时自动播放，可以选择"视频工具"→"播放"功能区→"视频选项"组→"开始"下拉列表框→"自动"。

❹ 剪裁视频。选中幻灯片中的视频图像，选择"视频工具"→"播放"功能区→"编辑"组→"剪裁视频"，出现"剪裁视频"对话框（如图 2.33 所示），从中可以设置开始时间和结束时间，也可以采用拖动起点和终点，或单击左、右箭头获得上一帧或下一帧，然后单击"确定"按钮。

【题目 11】建立超链接和动作按钮

图 2.34　幻灯片链接关系

对文件"自我介绍.pptx"中的幻灯片建立如图 2.34 所示的链接关系。只有一个单箭头的，表示按序（鼠标单击或按→键等）可直接进入下一张幻灯片，对于"……"所在幻灯片，即文件中的第 3 张幻灯片，则采用超链接，可分别链接到第 4、5、6、7 四张幻灯片，而这四张幻灯片分别有动作按钮，可返回到第 3 张幻灯片。在第 3 张幻灯片中不使用超链接，即鼠标单击后，可直接显示第 8 张幻灯片。

本题中，对于 1→2、2→3、3→8 的幻灯片切换不再建立链接，让其直接通过鼠标单击或键盘空格键等切换。

1．建立超链接

❶ 选择第 3 张幻灯片。

❷ 在幻灯片窗格中选中文字"家庭"，选择"插入"功能区→"链接"组→"超链接"，打开"插入超链接"对话框；从中单击"书签"按钮，在出现的"在文档中选择位置"对话框中选择第 4 张幻灯片，单击"确定"按钮，回到"插入超链接"对话框；再单击"确定"按钮。

❸ 分别采用与步骤❷相同的方法，为"学习"、"爱好"、"照片"建立超链接，分别链接到第 5、6、7 张幻灯片。

2．建立动作按钮

❶ 单击第 4 张幻灯片（即描述"家庭"的幻灯片），选择"插入"功能区→"插图"组→"形状"→"动作按钮"→"后退或前一项"按钮◁，然后在幻灯片的右下角画一个矩形，这时幻灯片中就会出现一个按钮，并同时弹出一个"动作设置"对话框，在"超链接到"处选择"上一张幻灯片"，单击"确定"按钮。

❷ 单击第 5 张幻灯片（即描述"学习"的幻灯片），使用与步骤❶同样的命令，在幻灯片的右下角制作一个按钮，弹出"动作设置"对话框，在"超链接到"下拉列表框中选择"幻灯片…"，在新出现的"超链接到幻灯片"对话框中选择第 3 张幻灯片，单击"确定"按钮，再单击"确定"

按钮。

❸ 采用与步骤❷相同的方法为第 6、7 张幻灯片制作动作按钮，或复制第 5 张幻灯片中的动作按钮，分别将它粘贴到第 6、7 张幻灯片（因为它们都返回到第 3 张幻灯片）。

3．隐藏幻灯片

若希望在第 3 张幻灯片不使用超链接，自然顺序为第 8 张幻灯片，可以将其中的第 4～7 张幻灯片设置为隐藏幻灯片，这并不影响单击超链接时的显示。

设置隐藏幻灯片的方法是：在"幻灯片浏览视图"或"普通视图"的左窗格中，同时选择第 4～7 张幻灯片，选择"幻灯片放映"功能区→"设置"组→"隐藏幻灯片"命令。

【题目 12】建立自定义放映

建立一个含有 20 张幻灯片的演示文稿（内容随意），为了针对某些特殊人群或目的，现要在演示文稿中抽出一部分幻灯片进行放映，而忽略其他部分（但不删除）。

实现的方法是将忽略部分的幻灯片使用"隐藏幻灯片"的功能，或者创建自定义放映。

1．建立演示文稿

为了操作方便，每张幻灯片可以只输入一个标题行。将其保存为"自定义放映实验.pptx"。

2．创建自定义放映

❶ 选择"幻灯片放映"功能区→"开始放映幻灯片"组→"自定义幻灯片放映"→"自定义放映"命令，打开"自定义放映"对话框，从中可以新建自定义放映，也可以删除或编辑已建立的自定义放映。

❷ 单击"新建"，这时出现"定义自定义放映"对话框（如图 2.35 所示）。

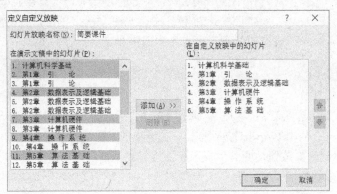

图 2.35 "定义自定义放映"对话框

❸ 在"在演示文稿中的幻灯片"列表框中选择要放映的若干张幻灯片，单击"添加"按钮。单击"删除"按钮，可以去掉右边的列表框选中的多余的或不要的幻灯片。

若要调整自定义幻灯片的放映顺序，可以在右边的列表框中选择幻灯片，按 ⬆ 或 ⬇ 按钮。

❹ 在"幻灯片放映名称"文本框（见图 2.35）中，为自定义的一系列幻灯片定义一个放映名称，如"简要课件"，单击"确定"按钮，这样"自定义放映"对话框中就出现了这组已创建的自定义放映的名称（"简要课件"）。

❺ 若想再建几组自定义放映，可以重复以上操作。

❻ 在"自定义放映"对话框中单击"关闭"按钮。

3. 设置放映方式

在创建了自定义放映后，若不设置放映方式，则放映仍从第一张开始，且进行全部幻灯片的放映。因此需要设置放映方式，方法为：选择"幻灯片放映"功能区→"设置"组→"设置幻灯片放映"，打开如图 2.36 所示的对话框；选中"自定义放映"单选按钮，并选择名称"简要课件"，单击"确定"按钮。

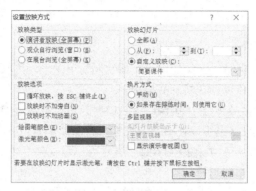

图 2.36 "设置放映方式"对话框

【题目 13】 建立展台浏览

对于"自定义放映实验.pptx"的自定义放映部分建立展台浏览，即幻灯片可以在展览会场或会议中在无人值守的环境下自动放映。

要实现该目的，先通过排练计时，确定每张幻灯片放映所需的时间，避免放映过快或过慢。

1. 排练计时

选择"幻灯片放映"功能区→"设置"组→"排练计时"，这时在演示幻灯片的同时出现"录制"工具栏（如图 2.37 所示），其中的不同按钮用于暂停放映、重播幻灯片以及切换到下一张幻灯片。PowerPoint 2010 会记录每张幻灯片出现的时间，并设置放映的时间。

如果希望不止一次地显示同一张幻灯片，则 PowerPoint 2010 会记录这张幻灯片最后一次放映的时间。完成排练之后，会出现如图 2.38 所示的消息框，单击"是"按钮，接受该时间。

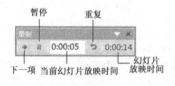

图 2.37 "录制"工具栏

图 2.38 排练计时结束时的消息框

事实上，也可以在录制旁白的同时记录排练时间并加以保存。

2. 设置放映方式

在"设置放映方式"对话框（见图 2.36）中选中"自定义放映"单选按钮的情况下，选择放映类型为"在展台浏览"，设置放映选项为"循环放映，按 Esc 键终止"。然后单击"确定"按钮。

【题目 14】 放映文件与打印幻灯片

对"自定义放映实验.pptx"进行以下操作：建立幻灯片放映文件 ABC.ppsx；放映时用绘图笔作标注；放映时定位幻灯片；打印幻灯片讲义。

1．建立幻灯片放映文件

若希望在资源管理器中双击该文件就可放映，则应为演示文稿建立幻灯片放映文件（.ppsx）。方法是：打开"自定义放映实验.pptx"，选择"文件"菜单的"另存为"命令，在"另存为"对话框的"保存类型"处选择"PowerPoint 放映（*.ppsx）"，再确定保存位置，输入文件名"ABC"，单击"保存"按钮。

这样在"资源管理器"中找到"ABC.ppsx"，双击它，就可以直接放映幻灯片了。

2．放映时用绘图笔作标注

有时在演讲时需要一边演示，一边划出重点或绘制简单图形，可以利用绘图笔实现。用绘图笔在幻灯片上绘制的内容可以保存在演示文稿中。

使用绘图笔的方法是：在幻灯片采用演讲者放映时，右键单击该幻灯片，在弹出的快捷菜单中选择"指针选项"→"笔"（也可以使用"荧光笔"）；选择"笔"后，鼠标指针就变成一个点，选择"荧光笔"后鼠标指针就变成一条粗直线。这时用户可以在幻灯片上拖动鼠标画线、作图，就像用粉笔在黑板上写字、画图一样。

如果要改变绘图笔的颜色，可以使用快捷菜单的"指针选项"→"墨迹颜色"。

如果要擦除幻灯片上用绘图笔绘制的内容，可以在快捷菜单中选择"指针选项"→"橡皮擦"或"擦除幻灯片上的所有墨迹"。

当幻灯片演示结束或中途停止幻灯片演示时，PowerPoint 2010 会给出一个"是否保留墨迹注释？"的提示，可以根据需要选择"保留"或"放弃"。

3．放映时定位幻灯片

用户可以利用快捷菜单定位到上一张或下一张幻灯片。不过，定位到上一张或下一张幻灯片使用键盘上的 PageUp、PageDn、←、→、↑、↓等键更方便。

如果用户在放映幻灯片时，要定位到其他不相邻的幻灯片，可以使用快捷菜单中的"定位至幻灯片"。

如果用户曾经创建过自定义放映，则可以通过快捷菜单的"自定义放映"定位到自定义放映的幻灯片。

4．打印幻灯片

如果用户使用"文件"选项卡的"打印"命令，不作任何设置，而是直接单击"打印"按钮，则每张 A4 纸只打印一张幻灯片，浪费纸不说，对于一个 100 张幻灯片的演示文稿，需要厚厚的一叠纸，沉甸甸地，不方便。

事实上，用户常常会将多张幻灯片打印在一页上，可以使用以下方法之一。

方法一：打开文件，使用"文件"选项卡的"打印"命令，这时窗口左侧为"文件"选项卡的命令，右侧为"打印预览"的效果，中间则为打印参数的设置和"打印"命令按钮。单击"整页幻灯片"，弹出"打印版式"窗格，如图 2.39(a)所示，从中选择"讲义"中的"6 张水平放置的幻灯片"或其他，这时预览窗格中就可以看到效果。

方法二：打开文件，使用"文件"选项卡的"打印"命令后，单击"打印机属性"，出现如图 2.39(b)所示的对话框（不同的打印机，显示可能不同），在"完成"选项卡的"每张打印页数"中选择"每张打印 6 页"，单击"确定"按钮，再单击"打印"按钮。

这样，打印时，一张 A4 纸上可以打印出 6 张幻灯片。

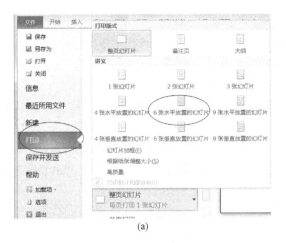

(a)

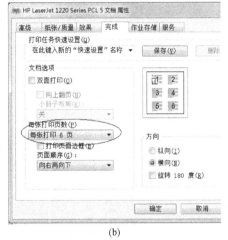

(b)

图 2.39　打印设置

五、操作题

1. 建立一份至少含 6 张幻灯片的演示文稿"家乡.pptx"。要求：第 1 张为总标题"我的家乡"；第 2 张为使用项目符号的各子标题："家乡的地理位置"、"家乡的人文"、"家乡的山水"、"家乡的特产"；第 3～6 张分别对以上子标题进行介绍，其中家乡的特产要求使用表格。

然后进行以下操作：

（1）利用 Tab 键和 Shift+Tab 组合键，对一些标题进行升级、降级等调整；更改第 2 张幻灯片的项目符号，采用图形项目符号。

（2）利用幻灯片浏览视图交换"家乡的山水"、"家乡的特产"这 2 张幻灯片的位置。

（3）为演示文稿设置"主题"为"透明"；在幻灯片母版的标题占位符和文本占位符之间画上黄色、5 磅的双线。

（4）在计算机或网络中找一幅合适的图，插入到幻灯片"家乡的山水"中，若没有合适的图，则可在 Windows "画图"软件中画一幅图，再插入到幻灯片中。

（5）为幻灯片"家乡的山水"中的文字设置动画效果：自顶部飞入，持续时间为 01.00 秒；为插入的图设置动画效果：进入时为"菱形"；在幻灯片浏览视图中设置所有幻灯片切换方式为"传送带"。

（6）保存演示文稿，并放映该演示文稿。

2．对上题已建立的演示文稿"家乡.pptx"，在第1张幻灯片中插入音乐，要求音乐持续播放。最后添加一张幻灯片，插入视频。

3．对演示文稿"家乡.pptx"创建超链接和动作按钮，使得第2张幻灯片分别链接后面对应的幻灯片，并要求加上"返回"按钮。再创建一个超链接，能链接到你家乡的一个网站。

4．利用教材的章节标题建立一个含有多张幻灯片的演示文稿，建立自定义放映"教材"，其内含有该演示文稿的第1、3、5、7、9张幻灯片，并为它建立展台浏览。

5．为"家乡.pptx"建立幻灯片放映文件"家乡.ppsx"。演示"家乡.ppsx"，通过绘图笔作一些标注，并加以保存。

六、实验报告

1．写出完成操作题的详细步骤。
2．附上经过各项操作的各演示文稿，以电子文档提交。

第 3 章　Excel 2010 操作

实验一　Excel 2010 基本操作

✿ 数据的基本操作
✿ 工作表操作
✿ 公式和函数操作
✿ 格式化工作表

实验二　Excel 2010 高级操作

✿ 创建图表、编辑图表
✿ 数据列表操作：排序和分类汇总
✿ 数据列表操作：筛选数据
✿ 创建数据透视表

通过本章练习，用户不仅能熟练掌握 Excel 2010，还能熟练掌握 Excel 数据列表的应用。

Excel 是用于数据处理的电子表格软件，可以对多张由行和列构成的二维表格中的数据进行有效处理，能运算、分析、制作图表、输出结果等。电子表格中的每个单元格可以存储的数据不一定是简单的数值，还可以是字符、公式、图像等信息。

类似 Word 2010，Excel 2010 界面同样主要有"文件"选项卡及"开始"、"插入"、"页面布局"、"审阅"、"视图"功能区，而"公式"、"数据"功能区则是 Excel 2010 特有的。下面主要说明一些与 Word 不同的且常用的或在 Excel 中相对用得较多的操作内容。

（1）"开始"

"开始"功能区提供了一些最常用的命令。

"剪贴板"组提供了多种粘贴方式，可以进行"选择性粘贴"，如可以将公式运算结果以数值的方式进行粘贴，也可以以行列互换进行转置等操作。

"编辑"组的"填充" 可用于填充序列，如等差数列、等比数列。

"编辑"组的"清除" 和"单元格"分组的"删除"是两个不同的概念。清除是指清除单元格中的信息，这些信息可以是格式、内容或批注，但并不删除单元格。而删除是连同单元格这个矩形格子一起删除，其右侧（或下方）单元格将左（上）移。

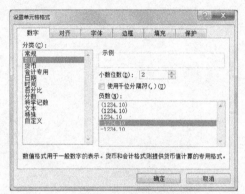

图 3.1 "设置单元格格式"对话框

"单元格"分组可实现工作表、行、列、单元格的插入和删除，还可以设置行高、列宽、（行、列或工作表的）可见性及单元格格式。其中，"设置单元格格式"命令会出现一个对话框，包含数字、对齐、字体、边框和填充等方面的内容，如图 3.1 所示。

另外，"开始"功能区中还有字体、对齐方式、数字、样式等组，可以方便地进行"自动套用格式"、"条件格式"等操作。

（2）"插入"

除了插入图片等内容外，还有插入"图表"、"页眉和页脚"、"数据透视表"等命令。

（3）"公式"

可以利用"函数"进行简单或复杂的计算，还可以进行公式审核。

（4）"数据"

包含"排序"、"筛选"、"合并计算"、"分类汇总"等命令，主要用于对 Excel 数据列表（或称数据清单）进行的一系列操作。

（5）"审阅"

可以实现对工作表、工作簿的保护。

（6）"视图"

可以实现窗口拆分、冻结窗格等操作。

实验一　Excel 2010 基本操作

一、实验目的

掌握 Excel 2010 文档的编辑和格式化，利用公式和函数实现数据处理。

二、实验任务与要求

1．掌握电子表格的基本概念、Excel 2010 软件的功能、运行环境、启动和退出。

2．掌握工作簿和工作表的基本概念、工作表的创建、数据输入、编辑和排版。

3．掌握工作表的插入、复制、移动、更名、保存和保护等基本操作。

4．熟练掌握单元格的绝对地址和相对地址的概念、公式的输入与常用函数的使用，了解数组的使用。

5．掌握工作表的格式化、页面设置、打印预览和打印。

三、知识要点

1．工作簿、工作表和单元格

（1）工作簿

在 Excel 2010 中，工作簿（又称为 Excel 文档）是处理和存储数据的文件，默认文件扩展名为 .xlsx。

（2）工作表

每个工作簿可以包含多张工作表，每张工作表可以有各种类型的信息。工作表区是工作表的整体，包含工作表中的全部元素，如单元格、网格线、行号、列标、滚动条和工作表标签。

（3）工作表标签

每张工作表都有一个工作表标签，位于窗口底部，显示工作表的名称，如图 3.2 所示。标签可用于工作表之间的切换，即激活相应的工作表，使其成为活动工作表。利用它也可以插入一张新工作表。

（4）单元格、行号、列标、单元格地址（单元格引用）

工作表由排成行和列的单元格组成，每个单元格的位置由行号（$1 \sim 2^{20}$）与列标（A~XFD，共 $16384=2^{14}$ 列，具体顺序为 A、B、…、Z、AA、AB、…、ZZ、AAA、…、XFD）决定，其表示的方法为列标和行号的组合（列标在先、行号在后），如"B15"，表示 B 列第 15 行，该表示法称为单元格地址或单元格引用。

（5）活动单元格

活动单元格是指用户选中的或正在编辑的单元格，它的地址显示在编辑栏的名称框中。

（6）填充柄

活动单元格的右下角有一个小黑点，称为填充柄![填充柄]，当用户将鼠标指针指向填充柄时，鼠标指针呈黑十字形状。拖动填充柄，可以将内容复制到相邻单元格中。

2．编辑栏

编辑栏如图 3.3 所示，用于显示或编辑活动单元格中的数据或公式。

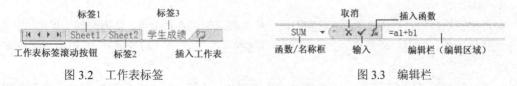

图 3.2　工作表标签　　　　　　　　　图 3.3　编辑栏

当用户在编辑公式时，编辑栏的左端为用户提供可选择的函数，否则作为名称框，显示活动单元格的地址（引用）。

3．Excel 2010 操作的鼠标指针

在 Excel 2010 不同的区域，鼠标指针会有不同的显示形状，可以进行不同的操作，如表 3.1 所示。总之，在不同的位置，鼠标有不同的指针形状，应关注指针形状。

表 3.1　鼠标在 Excel 2010 中的常见形状

形　状	位　　置	说　　明
⬦	鼠标指针在单元格中	单击或拖动鼠标可以选择一个或多个单元格
＋	鼠标指针在填充柄上	拖动鼠标可以填充单元格
↔或↕	鼠标指针在列标或行号中的两列或两行之间	拖动鼠标可以改变列宽或行高
▧或▨	鼠标指针在工作表标签上拖动时出现	用于移动或复制工作表
✥	鼠标指针出现在已选单元格区域的边框上	拖动鼠标可以移动或复制单元格区域
→或↓	鼠标指针出现在行号或列标上	单击或拖动鼠标选择 1 行或多行（1 列或多列）

4．公式和函数

（1）公式

公式是电子表格最重要的核心部分，是对数据进行分析的等式。公式以等号开头，语法为：

　　=表达式

其中，"表达式"是操作数和运算符的集合。操作数可以是常量、单元格或区域引用、标志、名称或函数。

（2）运算符

Excel 中运算符有 4 类：算术运算符、文本运算符、比较运算符和引用运算符。

① 算术运算符：负号（-）、百分数（%）、乘幂（^）、乘（*）和除（/）、加（+）和减（−）。

　　运算优先级：高————————————————————→低

② 文本运算符："&"，用于两个文本值的连接。例如，A1 中为"张小红"，B1 中为"你好"，C1 中为"=A1 & B1"，则 C1 显示为"张小红你好"。

③ 比较运算符：等于（=）、小于（<）、大于（>）、小于等于（<=）、大于等于（>=）、不等于（<>）。

比较的结果是一个逻辑值：TRUE 或 FALSE。TRUE 表示条件成立，FALSE 表示比较的条件不成立。

④ 引用运算符：冒号（:）、逗号（,）、空格和感叹号（!）。

Excel 对单元格的引用分为相对引用、绝对引用和混合引用三种。

相对引用是某单元格与它公式中引用的单元格的相对位置。相对引用的格式为：列标行号，如 A9。例如，某单元格 G2 包含公式"=E2+F2"，则表示将 G2 左边的两个相邻单元格中数据求和放入 G2 中。在复制包含相对引用的公式时，Excel 会自动调整公式中的引用，如将 G2 复制到 G3，则 G3 就成为"=E3+F3"。

如果在复制公式时不希望 Excel 调整引用，那么可以使用绝对引用。使用绝对引用的方法是：在行号和列标前各加上一个符号"$"，即"$列标$行号"。如 A1 单元格的绝对引用表示形式为"$A$1"。

如果只针对行进行绝对引用或只针对列进行绝对引用，则只要在行号前加"$"或只要在列标前加"$"，即"$列标行号"或"列标$行号"，如"$A1"或"A$1"，称为混合引用。

"："是区域运算符，对以运算符左右两个引用的单元格为对角的矩形区域内所有单元格进行引用。例如，公式"=SUM(A1:C3)"表示对以 A1 为左上角、C3 为右下角的 9 个单元格中的数值求和。

"，"是联合运算符，将多个引用合并为一个引用，如公式"=SUM(A2:B3, A5:B8)"表示对 A2:B3 和 A5:B8 共 12 个单元格的数值进行求和，如图 3.4(a)所示。

(a)

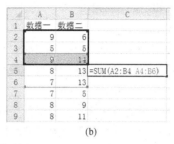
(b)

图 3.4　区域引用示例

空格是交叉运算符，取引用区域的公共部分（又称为交）。如 "=SUM(A2:B4 A4:B6)" 等价于 SUM(A4:B4)，即区域 A2:B4 和区域 A4:B6 的公共部分，如图 3.4(b)所示，其运算结果为 9+14=23。

另外，三维引用运算符"!"可以引用另一张工作表中的数据，其表示形式为：

　　　工作表名!单元格引用区域

如"Sheet2!A2:B5"表示 Sheet2 表中 A2:B5 的区域。

（3）函数

函数是一些预定义的公式，使用函数名和参数可以让这些公式按特定的顺序或结构进行计算。Excel 提供了统计、数学、数据库、财务等大量函数。函数的语法为：

　　　函数名(参数, 参数, …)

其中，"参数"可以是单元格引用或表达式。部分常用函数如下：

① 求和函数 SUM：返回参数所对应的数值之和。

格式：SUM(number1, number2, …)

② 求平均值函数 AVERAGE：返回参数所对应数值的算术平均数。

格式：AVERAGE(number1, number2, …)

说明：该函数只对参数中的数值求平均数，如果区域引用中包含了非数值的数据，则 AVERAGE 不把它包含在内。

③ 求最大值函数 MAX 和求最小值函数 MIN：用于求参数表中对应数字的最大值或最小值。

格式：MAX(number1, number2, …)，MIN(number1, number2, …)

④ 取整函数 INT：返回一个小于 number 的最大整数。

格式：INT(number)

⑤ 四舍五入函数 ROUND：返回数字 number 按指定位数 num_digits 舍入后的数字。

格式：ROUND(number,num_digits)

如果 num_digits>0，则舍入到指定的小数位；如果 num_digits=0，则舍入到整数。如果 num_digits<0，则在小数点左侧（整数部分）进行舍入，如 ROUND(3874, -2)的值为 3900。

⑥ 数值单元格计数函数 COUNT：统计给定区域内包含数字的单元格数目。

格式：COUNT(value1, value2, …)

⑦ 条件计数函数 COUNTIF/COUNTIFS：统计给定区域内满足特定条件的单元格的数目。

格式：COUNTIF(range, criteria)

COUNTIFS(criteria_range1, criteria1, [criteria_range2, criteria2], …)

其中：range 是需要统计的单元格区域；criteria 是条件，其形式可以为数字、表达式或文本。如条件可以表示为 100、"100"、">=60"、"计算机"等。

而 COUNTIFS 可以将条件应用于跨多个区域的单元格，并统计符合所有条件的次数。

⑧ 条件求和函数 SUMIF：对区域中符合指定条件的值求和。

格式：SUMIF(range, criteria)

参数 range 和 criteria 的含义与 COUNTIF 函数中的一致。

⑨ 排位函数 RANK：获得一列数字的数字排位。

格式：RANK(number, ref, [order])

参数 number 表示需要找到排位的数字或该数字的单元格引用；ref 表示数字列表数组或者对数字列表的引用，ref 中如果有非数值型数据，则将被忽略；order 是可选参数，指明数字排位的方式，省略或为 0 表示降序，不为 0 时表示升序。换句话说，该函数用于获得 number 在 ref 中的排位号，如排名次，而且对相同的数会出现并列名次。

⑩ 条件函数 IF：根据条件的真假值，返回不同的结果。

格式：IF(logical_test, value_if_true, value_if_false)

若 logical_test 的值为真，则返回 value_if_true，否则返回 value_if_false。

⑪ 逻辑与函数 AND：所有条件参数的逻辑值均为真时返回 TRUE，否则只要一个参数的逻辑值为假就返回 FALSE。

格式：AND(logical1, logical2, …)

⑫ 逻辑或函数 OR：所有条件参数中只要一个参数的逻辑值为真时返回 TRUE，否则返回 FALSE。

格式：OR(logical1, logical2, …)

⑬ 逻辑非函数 NOT：对参数值求反。如果参数的逻辑值为真，则返回 FALSE，否则返回 TRUE。

格式：NOT(logical)

5. 数组

Excel 数组是一种计算工具，可以建立产生多值操作的公式。参与操作的多值称为数组参数，返回的结果可以是单值的，也可以是多值的。数组可以替代很多重复的公式。Excel 将数组公式作为一个公式来存放，可以节省内存空间。

数组公式的输入方法如下：

❶ 选择包含数组公式的范围。

❷ 输入公式。

❸ 按 Shift+Ctrl+Enter 键锁定公式。这时编辑栏中公式两端自动加上大括号{}。

比如，在 C1:C7 单元格区域中使用数组公式{=A1:A7*B1:B7}（其中的{ }不是手工录入的），则相当于 C1～C7 的值分别是 A1*B1、A2*B2、…、A7*B7。

如果公式中包含了数组常量，则数组常量部分，要自己输入"{}"，并输入"，"和"；"分离不同的元素，"，"分离列，"；"分离行。

比如，选择 A1:A3 后，输入公式"=SQRT({1;2;3})"，按 Shift+Ctrl+Enter 键后，编辑栏显示"{=SQRT({1;2;3})}"，这时 A1～A3 单元格分别得到了 1～3 的平方根。如果选择的是 C1:E1，同

样要得到 1～3 的平方根，则输入的公式应为"=SQRT({1,2,3})"。

注意：不能更改数组的某一部分，要么整体删除，要么整体编辑；编辑后必须重新按 Shift+Ctrl+Enter 键锁定公式。

四、实验步骤与操作指导

【题目 1】数据的基本操作

在 Sheet1 和 Sheet2 表中分别输入如图 3.5(a)和(b)所示的原始数据。

Sheet1 中第 6 行的数据是在 A6 单元格中的（没有进行单元格合并）。对 A6 单元格实现分列操作，使其内容分别位于 A6、B6 和 C6。

在 Sheet2 中，删除"考试 IP"所在列；将班级列移动到学院列之后（即学院为 C 列，班级为 D 列）；将所有的"外国语学院"替换为"外语学院"。利用"自动计算"功能，查看 Sheet2 中 E2:E15 的平均值和和值。将 Sheet2 中部分数据转置复制到 Sheet1 的 A9:F13 中，数据来源于 B1:B6 及对应的语文、数学、英语、计算机的数据，复制后的效果如图 3.5(c)所示。

图 3.5 中三个表格的数据如下：

(a)Sheet1

A	B	C	D	E	F	G
输入数据						
001						
1/2						
Mon	Tue	Wed	Thu	Fri	Sat	Sun
1	2	4	8	16	32	64
董洋，理学院，90						

(b)Sheet2

	A	B	C	D	E	F	G	H	I
1	学号	姓名	班级	学院	考试IP	语文	数学	英语	计算机
2	0701011464	金成	一班	理学院	10.77.22.51	52	91	68	77
3	0701012717	李湖	一班	理学院	10.77.18.54	36	50	31	67
4	0800301353	董洋	一班	理学院	10.77.16.56	89	90	88	92
5	0800301717	郑霖	一班	外国语学院	10.77.16.48	81	80	81	80
6	0801008515	郑宁	一班	外国语学院	10.77.21.138	78	70	81	76
7	0803001535	李军	一班	外国语学院	10.77.21.100	45	77	80	55
8	1101003252	施喆	一班	计算机学院	10.77.18.45	76	80	56	80
9	1101021777	周馨	一班	计算机学院	10.77.16.23	75	80	69	78
10	1101024838	黄铃	二班	理学院	10.77.21.38	90	70	88	98
11	1101024929	周龙	二班	医学院	10.77.16.212	87	100	75	92
12	1101024959	陈钟	一班	计算机学院	10.77.19.72	82	89	100	78
13	1101024969	韦秀	一班	医学院	10.77.16.177	75	55	81	76
14	1101025111	严宜	一班	外国语学院	10.77.19.54	82	80	88	88
15	1101025151	洪慧	一班	外国语学院	10.77.16.84	80	85	75	80

(c)转置

姓名	金成	李湖	董洋	郑霖	郑宁
语文	52	36	89	81	78
数学	91	50	90	80	70
英语	68	31	88	81	81
计算机	77	67	92	80	76

图 3.5 Sheet1 和 Sheet2 原始数据

启动 Excel，先在 Sheet1 中输入所有数据。

1. 单元格内换行、编号与分数的输入、序列填充、分列处理

❶ 在 A1 单元格中输入"输入数据"。由于要在一个单元格中换行输入，所以要输入换行符。方法是在输入"输入"两字后按 Alt+Enter 键（仅按 Enter 键将激活相邻单元格），再输入"数据"两字。

❷ 输入 001。由于直接输入 001，Excel 自动显示为 1，所以应把它作为文本进行输入，输入时，在 0 的前面加上英文的单引号"'"，即输入"'001"。

或者，先设置 A2 单元格的格式为文本格式，即在图 3.1 所示的对话框中选择"文本"，单击"确定"按钮，然后输入"001"。

❸ 输入 1/2。直接输入 1/2，显示为 1 月 2 日，但从图 3.5(a)的编辑栏可见，其值为 0.5，即二分之一，这时输入方法为：分数前应冠以 0（零）和空格，即输入"0 1/2"。

❹ 输入第 4 行星期。直观地看，可以一个一个输入，但事实上它们很有规律，在 Excel 中可以利用填充功能。方法是：先在 A4 中输入"Mon"，选择 A4，拖动填充柄至 G4。

❺ 输入等比数列。操作方法是：在 A5 中输入初值 1；右键拖动填充柄到 G5，这时弹出一个快捷菜单，从中选择"序列"命令，出现"序列"对话框，从中选择"等比序列"，输入步长值 2，

单击"确定"按钮。

填充也可以使用"开始"功能区→"编辑"组→"填充"命令。

❻ 在 A6 单元格中输入"董洋,理学院,90"（事实上，有时往往是从别处复制过来后，发现它们是在一个单元格中，但为了方便处理，又希望它们在各自对应的单元格中）。实现"分列"操作的方法是：

选择 A6 单元格，单击"数据"功能区→"数据工具"组→"分列"命令，这时出现分列向导的对话框，先选择最合适的文件类型，本题采用"分隔符号"，单击"下一步"；在分隔符号中选择"逗号"（输入之前使用的是中文逗号，则应选择"其他"，并在"其他"旁输入中文逗号），一般在此单击"完成"按钮即可（如果是单击"下一步"，还可以选择数据格式）。这时 A6:C6 这三个单元格的内容分别为董洋、理学院、90。

在完成了 Sheet1 的数据输入后，对 Sheet2 进行数据输入，Sheet2"学院"、"班级"中有部分重复值，也可利用填充功能。接着再对 Sheet2 进行以下操作：

2．删除列

在 Sheet2 中右键单击列标"E"，在弹出的快捷菜单中选择"删除"命令。

说明： 不能在选择 E 列后按 Delete 键，这样只能删除列中的文字，而留下空白列。

3．移动列

移动列可以有如下两种方法。

方法一：

❶ 选定 E 列，单击右键，在弹出的快捷菜单中选择"插入"命令，在原 E 列"语文"前插入 1 个空列，成为新的 E 列。

❷ 选择"班级"所在列，将鼠标指针移到边框上变成✛形状时，按住鼠标左键并拖动鼠标到第 E 列上松手，原来的 C 列变成了空白列。

❸ 选择 C 列（空白列），将鼠标指针移到选中的列上，单击右键，在弹出的快捷菜单中选择"删除"命令。

方法二：

❶ 选择"班级"所在列。

❷ 将鼠标指针移到边框变成✛形状时，按住 Shift 键，同时拖动鼠标到"学院"列右侧边界上，这时工作表的 D 列后会出现一条虚线，此时松开鼠标，再松开 Shift 键，则移动已经成功，且不出现空白列。

4．替换

该操作与 Word 2010 中的替换操作类似，只要使用"开始"功能区→"编辑"组→"查找和选择"→"替换"命令就可以了，只是在替换前不要选择其他多个单元格。

5．自动计算

平均值: 73.42857143　计数: 14　求和: 1028

图 3.6　状态栏中显示计算结果

选择 Sheet2 中的 E2:E15，即"语文"列中的数据，这时 Excel 会进行自动计算，计算结果显示在状态栏上，如图 3.6 所示。

6．转置复制

❶ 在 Sheet2 表中拖动鼠标，选择 B1:B6 单元格区域，按住 Ctrl 键，单击 E1 单元格，再按住

Shift 键，然后单击 H6 单元格。这样就选择了两块区域。

❷ 使用 Ctrl+C 组合键，将其复制到剪贴板。

❸ 在 Sheet1 表的 A9 单元格上单击右键，在弹出的快捷菜单中选择"粘贴选项"→"📋"，表示转置粘贴。

【题目 2】工作表操作

复制 Sheet2 工作表到最后；并将新复制的工作表取名为"成绩"；删除工作表 Sheet3；在工作表 Sheet1 和 Sheet2 之间插入 2 张空白工作表，并将它们命名为"表 1"和"表 2"；复制工作表 Sheet1 为 Sheet1 (2)，对工作表 Sheet1 (2)施加保护。

1．复制工作表

使用鼠标操作的方法如下：

❶ 选择 Sheet2 工作表（单击工作表标签即可）。

❷ 将鼠标指针移动到被选择的工作表标签上，按住 Ctrl 键，并在标签上拖动鼠标（鼠标指针呈形状🔳）到适当的位置上，这时 Sheet3 标签后出现一个向下的小箭头（如 Sheet2 Sheet3 📄 ），松手，复制已完成。复制后新工作表的表名为"Sheet2 (2)"。

2．工作表改名

双击新复制的工作表标签"Sheet2 (2)"处，删除原有的标签文字，输入"成绩"。

3．删除工作表

右键单击工作表标签"Sheet3"，在弹出的快捷菜单中选择"删除"命令。

4．插入 2 张空白工作表

右键单击工作表标签"Sheet2"，在弹出的快捷菜单中选择"插入"命令，弹出"插入"对话框，选择"工作表"，单击"确定"按钮，则在 Sheet1 和 Sheet2 之间插入了一张空工作表。用同样的方法再插入另一张空白工作表。也可以利用工作表标签右侧的"插入工作表"📄，将工作表插入在最后，再将它们移到 Sheet1 与 Sheet2 之间。

利用上面的方法，将它们命名为"表 1"和"表 2"。

5．工作表保护

❶ 复制 Sheet1 为 Sheet1 (2)。

❷ 单击 Sheet1 (2)，选择"审阅"功能区→"更改"分组→"保护工作表"命令，打开"保护工作表"对话框。

❸ 在该对话框中设置用于取消工作表保护时的密码（如"abc321"），并设置保护的项目，一般采用默认设置，即不允许编辑、插入行或列等一系列操作。

❹ 单击"确定"按钮。

这时该工作表就不能进行任何修改，若要修改必须撤销工作表保护。要撤销工作表保护，又必须输入正确的密码 abc321 才行。

【题目 3】公式和函数操作

在工作表 Sheet2 的单元格 I1～L1 中分别添加"总分"、"平均分"、"等级"、"语数均及格"，这 4 列下面的各行分别为每位学生的总分、平均分（四舍五入，保留小数 1 位）、等级（分为优、合格和不合格，其中平均分 85 分以上为优）、语数均及格（分为合格和不合格）的具体数据；在单元格 N1~N6 中添加"最高总分"、"最低总分"、"平均总分"、"高于平均总分人数"、"平均分高于 85 的人数"和"数学 80-89 人数"，而单元格 O1~O6 中分别为其对应的具体数据，如图 3.7 所示；把"学号"、"姓名"和"平均分"列的内容复制到"表 1"中，在"表 1"中增加一列"名次"，具体的名次值为平均分从大到小对应的名次。

	A	B	……	E	F	G	H	I	J	K	L	M	N	O
1	学号	姓名	……	语文	数学	英语	计算机	总分	平均分	等级	语数均及格		最高总分	
2	0701011464	金威	……	52	91	68	77	288	72	合格	不合格		最低总分	
3	0701012717	李湖	……	36	50	31	67	184	46	不合格	不合格		平均总分	
4	0800301353	董洋	……	89	90	88	92	359	89.8	优	合格		高于平均总分人数	
5	0800301717	郑霞	……	81	80	81	80	322	80.5	合格	合格		平均分高于85的人数	
6	0801008515	郑宁	……	78	70	81	76	305	76.3	合格	合格		数学80-89人数	
7	0803001535	李军	……	45	77	80	55	257	64.3	合格	不合格			
8	1101003252	施喆	……	76	80	56	80	292	73	合格	合格			
9	1101021777	周耀	……	75	80	69	78	302	75.5	合格	合格			
10	……	……												

图 3.7　利用公式计算数据

在如图 3.7 所示的各位置输入"总分"、"平均分"、"等级"、"语数均及格"、"最高总分"、"最低总分"、"平均总分"、"高于平均总分人数"、"平均分高于 85 的人数"和"数学 80-89 人数"。

1．求总分

在单元格 I2 中输入"=SUM(E2:H2)"，鼠标指针移动到单元格 I2 的填充柄上，双击填充柄；或向下拖动鼠标至最后一行。

在单元格 I2 中也可以输入"=E2+F2+G2+H2"，但不应输入"=52+90+68+77"，后者虽然在单元格 I2 中数值没有错，却不能利用填充功能。

后面有关求"平均分"、"等级"、"语数均及格"的操作过程类似于求"总分"操作，所以只给出计算公式。

2．四舍五入求"平均分"

在单元格 J2 中输入公式并填充，公式为"=ROUND(AVERAGE(E2:H2),1)"。

3．求"等级"

在单元格 K2 中输入公式并填充，公式为"=IF(J2>=85, "优",IF(J2>=60, "合格","不合格"))"。

4．求"语数均及格"

在单元格 L2 中输入公式并填充，公式为"=IF(AND(E2>=60,F2>=60), "合格","不合格")"。

5．求"最高总分"、"最低总分"、"平均总分"、"高于平均总分人数"、"平均分高于 85 的人数"和"数学 80-89 人数"

求"最高总分"，在单元格 O1 中输入公式"=MAX(I:I)"。

求"最低总分"，在单元格 O2 中输入公式"=MIN(I:I)"。

求"平均总分"，在单元格 O3 中输入公式"=AVERAGE(I:I)"。

求"高于平均总分人数"，可引用单元格 O3 中的数据，所以在单元格 O4 中输入公式"=COUNTIF (I:I,">="&O3)"。

求"平均分高于 85 的人数"，在单元格 O5 中输入公式"=COUNTIF(J:J,">=85")"。

求"数学 80-89 人数"，在单元格 O6 中输入公式"=COUNTIFS(F:F,">=80",F:F,"<90")"。

6. 把"学号"、"姓名"和"平均分"的内容复制到"表 1"

❶ 选择需要的内容。鼠标从列标 A 拖动到列标 B，即先选择了"学号"与"姓名"，再按住 Ctrl 键并单击列标 J，这样就选择了所有需要的列。

❷ 按 Ctrl+C 组合键，将它们复制到剪贴板。

❸ 单击"表 1"标签，单击其 A1 单元格，使用 Ctrl+V 组合键粘贴。

7．排名次

❶ 选择"表 1"，在单元格 D1 中输入文字"名次"。

❷ 在单元格 D2 中输入"=RANK(C2,C:C)"，表示单元格 C2 中的值在整个 C 列中的名次（降序）。

❸ 双击单元格 D2 的填充柄，填充 D 列。

【题目 4】数组公式

复制 Sheet2 工作表，取名为 Sheet2_1，对其中的"总分"、"平均分"、"等级"利用数组公式进行重新计算。

1．求总分

❶ 在名称框中输入 I2:I15 后回车，则 Excel 自动选中的 I2:I15 区域（这里假定最后一行行号为 15）。

❷ 输入公式"=E2:E15+F2:F15+G2:G15+H2:H15"。

❸ 按 Shift+Ctrl+Enter 键锁定公式。

编辑栏中公式显示为"{=E2:E15+F2:F15+G2:G15+H2:H15}"，并计算好了 I2:I15 中的数据。

2．求平均分

操作过程与求总分类似，只是❷中输入的公式是"=ROUND(I2:I15/4,1)"。

3．求等级

操作过程与求总分类似，只是❷中输入的公式是"=IF(J2:J15>=85, "优",IF(J2:J15>=60, "合格","不合格"))"。

求等级还可以使用 LOOKUP 函数：

LOOKUP(值或单元格引用,区域 1,区域 2)

其作用是在区域 1 中找与第一个参数最接近的较小值，然后返回区域 2 中与区域 1 对应的值。所以求等级也可以使用在 K2 中输入"=LOOKUP(J2,{0,60,85},{"不合格","合格","优"})"，然后填充到下面各行。

或者选择 K2:K15 区域，输入"=LOOKUP(J2:J15,{0,60,85},{"不合格","合格","优"})"，再按 Shift+Ctrl+Enter 组合键锁定公式。这里所用的区域 1 和区域 2 是数组常量。

【题目 5】格式化工作表

调整图 3.7 所示工作表 Sheet2 的 A 列为"自动调整列宽"；在第 1 行前插入一行，作为标题行，文字为"学生成绩表"，并对其格式化；为"最高总分"至"数学 80-89 人数"及其相应数据的 12 个单元格加上边框；将"语文"、"数学"、"英语"、"计算机"列中小于 60 的数据用红色倾斜显示，大于等于 90 的用加浅蓝色背景显示；页面设置，使得当工作表数据打印超过一页时，作为表头的第一行和第二行（即"学生成绩表"所在行和项目名称所在行）打印在每页的头部。

1．调整列宽

调整列宽的方法非常简单，置活动单元格到要调整的列，使用"开始"功能区→"单元格"组→"格式"→"自动调整列宽"命令；也可以直接用鼠标调整，方法为：将鼠标指针移动到列标 A 和 B 之间，待鼠标指针成为 ✚ 时，双击鼠标左键。

2．插入标题行

❶ 右键单击行标 1，在弹出的快捷菜单中选择"插入"，插入一行空行。

❷ 在单元格 A1 中输入文字"学生成绩表"（不包括引号）。

❸ 选择 A1:L1 单元格区域（因为表格数据的最后一列为 L 列），单击"开始"功能区→"对齐方式"组→"合并后居中"，然后在"开始"功能区中设置字体为"黑体"，字号为"20 磅"。如果要去掉"合并后居中"，可以再次在"开始"功能区中单击"合并后居中"按钮。

3．加边框

选择 N2:O7 单元格区域，单击"开始"功能区→"字体"组→"边框"按钮右侧的下箭头，再选择"所有框线"。

4．条件格式

❶ 选择包含"语文"、"数学"、"英语"、"计算机"成绩的所有单元格。

❷ 选择"开始"功能区→"样式"组→"条件格式"→"突出显示单元格规则"→"其他规则"，打开如图 3.8(a)所示的"新建格式规则"对话框。

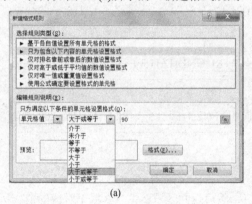
(a)
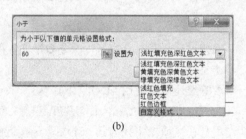
(b)

图 3.8 "新建格式规则"与"小于"对话框

❸ 在下拉列表框中选择"大于或等于"，在右侧的文本框中输入"90"，单击"格式"按钮，在出现的对话框中选择"填充"选项卡，选择颜色为浅蓝色，单击"确定"按钮，再单击"确定"按钮。可以发现，大于等于 90 的数据全部用加浅蓝色背景显示。

❹ 仍在选择这些成绩单元格的状态下，选择"条件格式"→"突出显示单元格规则"→"小于"，出现如图 3.8(b)所示的"小于"对话框，在左侧输入"60"，在右侧下拉列表中选择"自定义格式…"，在出现的对话框的"字体"选项卡中选择"倾斜"且设置颜色为"红色"，单击"确定"按钮。再单击"确定"按钮，完成设置。

若要取消这些条件格式，可以选择"条件格式"→"清除规则"→"清除所选单元格的规则"或"清除整个工作表的规则"命令。

5．设置"顶端标题行"

❶ 选择"页面布局"功能区→"页面设置"组→"打印标题"，打开"页面设置"对话框。

❷ 在"工作表"选项卡的打印标题处的"顶端标题行"中输入"$1:$2"，表示第 1 行和第 2 行，单击"确定"按钮。

这样当工作表数据打印超过一页时，作为表头的第一行和第二行打印在每页的头部。用户可以在原工作表中添加一些数据，使输出页数超过 1 页，使用"打印预览"命令观察效果。

五、操作题

1．启动 Excel，建立工作簿文件 A.xlsx。

（1）在 Sheet1 第一行的单元格 A1～D1 中，按相应的格式分别输入：分数（1/5）、文本（0001）、时间格式（11 时 30 分）、日期格式（2012 年 10 月 1 日）等。其中，"11 时 30 分"和"2012 年 10 月 1 日"是输入后并设置格式的显示效果，输入时采用"11:30"和"2012-10-1"（不包括引号）。

（2）在单元格 C2 中输入"=C1+1/24"（不包括引号），在单元格 D2 中输入"=D1+1"（不包括引号），观察效果。

（3）在 Sheet1 的单元格 A3 中输入 2，在单元格 B3～H3 中以 3 为步长值填充等差数列；在单元格 A4 中输入 2，在单元格 B4～H4 中以 3 为步长值填充等比数列。

（4）交换 Sheet1 中第 3 行和第 4 行数据的位置。

2．新建一个工作簿，将已输入分数、文本等数据的 Sheet1 复制到新工作簿的 Sheet1 前，将工作簿命名为"输入练习"。

3．对文件 A.xlsx，在工作表 Sheet3 中输入表格，包括学号、笔试、实验、平时（10 人）。注意使用填充柄和复制等。输入内容自选。

学号	笔试	实验	平时		
……	……	……	……		

4．数据计算与统计

（1）在 Sheet3 的成绩表中增加两列"总评"和"等级"，用于计算每人总评和等级。"总评"=55%笔试+25%实验+20%平时；"等级"要求：笔试、实验和平时三项均大于等于 60 时为"合格"，否则为"不合格"。

（2）在"学生"数据行的后面增加两行，其第一列的文字分别为"平均分"、"及格人数"，在这两行后面的 B 列至 E 列求各项平均分和各项的及格人数。

5．在 Sheet3 中的第二个学生前插入一行，输入内容自选。在第一行前插入一行，并输入标题"学生信息"，同时将其"合并后居中"，字体设置为"隶书"，字号为"24 磅"。

6．在 Sheet3 中，使用条件格式，将学生笔试及格的数据加浅蓝色底纹，笔试不及格的数据设置为红色文字。

六、实验报告

1．写出完成操作题的详细步骤。

2．附上经过各项操作的各 Excel 文档，以电子文档提交。

实验二　Excel 2010 高级操作

一、实验目的

掌握 Excel 电子表格的高级操作。

二、实验任务与要求

1．掌握创建图表的方法。
2．掌握数据列表的操作。

三、知识要点

1．图表的一些概念

用户可以利用工作表中的数据来创建图表，由于图表有较好的视觉效果，用户使用图表可以直观地查看数据的差异并可以预测趋势。例如，图 3.9 是使用工作表数据创建的图表。

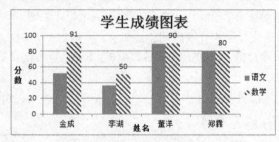

图 3.9　图表示例

图表中的"姓名"、"分数"称为"坐标轴标题"。

图表中的"学生成绩图表"称为"图表标题"。

坐标轴下的"金成"、……、"郑霖"称为"水平（分类）轴标签"。

图表右边的"语文"、"数学"及图块和方框称为"图例项（系列）"。其中，"语文"、"数学"又称为"系列名称"（或"图例文字"）。

8 个直方块称为"数据系列"，直方块上的数字称为"数据标签"。

一条条横线称为"网格线"。

用户可以将图表创建在工作表的任何地方，可以生成嵌入式图表，也可以将图表移动到新工作表。图表一般与对应的数据链接，因此当用户修改数据时，图表会自动更新。

创建图表前，应先在工作表中为图表输入数据，再选择数据，并使用"插入"功能区→"图表"组中的相关命令创建图表，然后会出现"图表工具"的"设计"、"布局"、"格式"三个功能区，可以从中对图表进行编辑。

2．数据列表

Excel 提供了简单的数据列表（又称为数据清单、数据库表）管理功能，可以对其中的数据进行查询、排序或汇总等，还可以利用这些数据创建数据透视表。

数据列表是包含一系列相关数据的工作表数据行，要符合如下准则：

❖ 数据列表应存放在工作表的一个连续区域中，如果一张工作表中还包括了其他数据，则数据列表与其他数据之间至少要留出一个空列和一个空行。

❖ 数据列表内应避免空行和空列。

❖ 每张工作表一般只建立一个数据列表，这样有利于 Excel 检测和选定数据列表。

❖ 数据列表中的每一列包含相同类型的数据，如 A 列都是学号，B 列都是姓名等。

❖ 数据列表中的第一行为列标志，表示每列的名称。Excel 将使用列标志创建报告并查找和组织数据。列标志采用文本格式，如"学号"、"姓名"、"语文"、"Score"等。

❖ 不要在单元格的前面或后面输入多余的空格，多余空格会影响排序与搜索。

在工作表上，按照以上准则输入数据，就可以创建一个数据列表。

数据列表与关系数据库中的表存在着对应关系。数据列表中的列对应着数据库表中的字段，列标志对应数据库表中的字段名，每行对应了数据库表中的一条记录。

3. 数据透视表

数据透视表是从数据列表的特定字段中概括出有用信息的特殊的表，可以根据某些字段值去分析、统计数据列表中的数据，还可以查看其明细数据。

四、实验步骤与操作指导

【题目 6】创建图表、编辑图表

为实验一中的工作表 Sheet2（在图的第 1 行前已插入标题行，并已用公式计算了相应数据的工作表）中创建一个如图所示的图表；将图表移动到 N10:S22 单元格区域；复制刚完成的柱形图表到 N24:S35 单元格区域，将其中的图表类型改为折线图；修改标题，使标题文字为"A 大学学生成绩图表"；将"计算机"成绩添加到折线图图表中；在折线图图表中添加文字"1 班"。

1. 创建图表

❶ 选择数据区。同时选择单元格区域 B2:B6 及 E2:F6，即包括列标志部分（第 2 行）。方法是：鼠标从 B2 拖动到 B6；按住 Ctrl 键，单击单元格 E2；再按住 Shift 键，单击单元格 F6。

❷ 插入图表。选择"插入"功能区→"图表"组→"柱形图"→"二维柱形图"→"簇状柱形图"，这时工作表中就出现了图表。

如果要重新选择数据区域，可选择"图表工具"→"设计"功能区→"数据"组→"选择数据"，这时打开如图 3.10 所示的对话框，从中可用多种方法进行重新选择数据源，如在图表数据区域框中直接输入单元格引用，或利用鼠标在工作表中作选择。

如需要"数学"和"计算机"成绩，则输入公式"=Sheet2!$B$2:$B$6, Sheet2!$F$2:$F$6, Sheet2!$H$2:$H$6"。

图 3.10 "选择数据源"对话框

使用鼠标选择的方法为：单击图表数据区域框右边的"压缩对话框"按钮，暂时移开对话框，只显示一个标题和文本框，删除文本框原有的内容；用鼠标在工作区中拖动，以选择区域，每个不连续的区域之间用逗号分隔；再单击文本框右边的"压缩对话框"按钮，以显示完整的对话框。在如图 3.10 所示的对话框中，还可以通过"图例项（系列）"或"水平（分类）轴标签"

的编辑等操作，来选择数据源。

❸ 插入图表标题。选中图表，选择"图表工具"→"布局"功能区→"标签"组→"图表标题"→"图表上方"，在图表中就会出现文字"图表标题"，删除原有文字"图表标题"，输入文字"学生成绩图表"。

❹ 插入坐标轴标题。选择图表，选择"图表工具"→"布局"功能区→"标签"组→"坐标轴标题"→"主要横坐标轴标题"→"坐标轴下方标题"，在图表中就会出现文字"坐标轴标题"，删除原有文字，输入文字"姓名"。用同样的方法，选择"坐标轴标题"→"主要纵坐标轴标题"→"竖排标题"，添加纵坐标轴标题"分数"。

❺ 添加数据标签。右键单击图表中的数学数据系列（直方块），在弹出的快捷菜单中选择"添加数据标签"。

❻ 设置数学数据系列为红色宽下对角线填充。右键单击图表中的数学数据系列，在弹出的快捷菜单中选择"设置数据系列格式"，出现"设置数据系列格式"对话框；在左侧选择"填充"，在右侧选择"图案填充"，并在右下方选择"宽下对角线"，再设置前景色为"红色"，单击"关闭"按钮。

2. 移动图表、更改图表大小

单击图表区（鼠标移动到图表上时，指针旁会提示是绘图区、图表区等信息）并拖动至 N10:S22 单元格区域，若图表大小不合适，可以在单击图表区后，拖动四边中点或四角上的控点。

如果绘图区位置或大小不合适，还可以用鼠标单击绘图区，用鼠标拖动绘图区或控点。

3. 改变图表类型

❶ 选择图表，使用"复制"命令，单击 N24 单元格，使用"粘贴"命令。

❷ 选择刚复制好的图表，选择"图表工具"→"设计"功能区→"类型"组→"更改图表类型"；或右键单击图表，在弹出的快捷菜单中选择"更改图表类型"，出现"更改图表类型"对话框（如图 3.11 所示）。

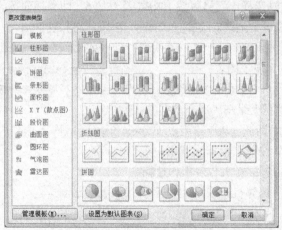

图 3.11 "更改图表类型"对话框

❸ 在对话框中选择图表类型为"折线图"中的"折线图"，单击"确定"按钮。

4. 修改标题

单击图表标题选择标题，再单击标题，即可进行修改，修改标题为"A 大学学生成绩图表"。

5. 向图表中添加数据

❶ 选择要添加的单元格区域 H2:H6，使用"复制"命令。

❷ 选中折线图图表，使用"粘贴"命令。

如果要删除图表上的数据系列，不删除工作表中对应数据，则可以单击要删除的数据系列，再按 Delete 键。

6. 在图表中添加文字

单击折线图图表，选择"图表工具"→"布局"功能区→"插入"组→"文本框"，在图表上画一个框，然后输入文字"1 班"。

【题目 7】 **数据列表操作：排序和分类汇总**

将实验一工作表 Sheet2 中除第 1 行外的 A 列到 L 列区域复制到"表 2"中，形成一个数据列表，复制 2 份"表 2"，新表分别改名为"表 3"、"表 4"。对"表 2"中的数据按"姓名"升序排序；对"表 3"中的数据进行多关键字排序，要求以总分为主要关键字、数学成绩为次要关键字、语文成绩为第二次要关键字排序（全部采用降序）；对"表 4"数据按学院分类汇总，求出各学院的各项数值型字段的平均值。

1. 复制

❶ 在 Sheet2 中选择 A 列到 L 列区域，使用"复制"命令，单击"表 2"工作表标签，再单击 A1 单元格，使用"粘贴"命令，然后删除表 2 中的第一行，即"学生成绩表"所在行。

虽然可以采用选择除第 1 行外的 A 列到 L 列区域进行复制，但如果数据列表的行数非常多，还不如直接选择 A 列到 L 列显得方便，因后者只要鼠标在列标上拖一下就可以了。

❷ 使用工作表复制方法复制一个"表 2"的备份，并改名为"表 3"。采用同样的方法，再复制产生"表 4"。

2. 简单排序

选择"表 2"工作表，单击"姓名"列的任一非空白单元格（不要选择一列），再选择"数据"功能区→"排序和筛选"组→"升序"按钮 ↓↑，默认按拼音顺序排列。

3. 多级排序

多级排序要使用对话框命令，操作步骤如下：

❶ 选择"表 3"工作表，单击数据列表中任一单元格（不要选中多个单元格）。

❷ 单击"数据"功能区→"排序和筛选"分组→"排序"按钮，打开"排序"对话框。

❸ 从中选择主要关键字为"总分"，其次序为"降序"；单击"添加条件"按钮，再选择次要关键字为"数学"，选择次序为"降序"；用同样的方法添加第二次要关键字为"语文"，且为"降序"，即进行如图 3.12 所示的设置，单击"确定"按钮。

图 3.12 多级排序

4．分类汇总

❶ 选择"表4"工作表。

❷ 因为是分类汇总，必须先对分类列排序，因此先对学院排序，方法是：单击"学院"列任意一个非空白单元格，单击"数据"功能区中的"升序"按钮。

❸ 单击数据列表中任意一个单元格，选择"数据"功能区→"分级显示"组→"分类汇总"，打开"分类汇总"对话框。

❹ 在对话框中进行如图3.13所示的设置，即设置分类字段为"学院"，汇总方式选择"平均值"，汇总项选择"语文"、"数学"、"英语"、"计算机"、"总分"、"平均分"，单击"确定"按钮。

❺ 这时工作表左边出现 1 2 3 3个分级符号按钮，其中后一级别为前一级别提供细节数据。用户可以使用分级显示符号，显示和隐藏细节数据，如图3.14所示。总的汇总行属于级别1，各学院的汇总数据属于级别2，学生的细节数据行则属于级别3。如果只要显示级别1和级别2，则可以单击分级符号 2 。

图3.13　分类汇总

图3.14　分类汇总结果

如果要显示或隐藏某一级别下的细节行，可以单击分级按钮下的分级显示符号 + 或 - 。

如果要撤销分类汇总，其方法是打开"分类汇总"对话框，单击"全部删除"。

【题目8】数据列表操作：筛选数据

复制4份"表2"工作表，新表分别改名为"表5"、"表6"、"表7"、"表8"。对"表5"，按总人数的20%选出总分较高的数据行；对"表6"，显示"语文"和"数学"成绩均大于等于80的数据行；对"表7"筛选显示"语文"成绩大于等于90或小于60的数据行；对"表8"，制作高级筛选，即筛选出"语文"或"数学"成绩大于等于90的数据行。

Excel提供了自动筛选和高级筛选的功能，通过筛选，可以压缩数据列表，隐藏不满足条件的信息行，而只显示符合条件的信息行。

在进行筛选前先复制工作表，即产生"表5"、"表6"、"表7"、"表8"工作表。

1．筛选总分前20%的数据行

该操作采用"自动筛选"，步骤如下。

❶ 单击"表5"标签，再单击数据列表中任意一个单元格。

❷ 单击"数据"功能区→"排序和筛选"组→"筛选"，标题行上出现如图3.15(a)所示的下拉箭头。

(a)　　　　　　　　　　　　(b)　　　　　　　　　　　　(c)

图 3.15　自动筛选

❸ 单击"总分"右侧下拉箭头，选择"数字筛选"→"10 个最大的值"，打开如图 3.15(b) 所示的对话框。

❹ 在对话框左边的下拉列表框中选择"最大"，在中间微调器中输入"20"，在右边的下拉列表框中选择"百分比"，单击"确定"按钮。

这时不符合条件的行已经被隐藏（没有删除），行号变得不再连续。

若要去掉筛选，显示全部，则可再次使用"数据"功能区的"筛选"命令。

2．显示语文和数学均大于等于 80 的数据行

❶ 单击"表 6"数据列表中任意一个单元格。

❷ 选择"数据"功能区→"排序和筛选"组→"筛选"。

❸ 单击"语文"右侧的下拉箭头，选择"数字筛选"→"大于或等于"，打开"自定义自动筛选方式"对话框（如图 3.15(c)所示），左上方的下拉列表框已为"大于或等于"，在右上方的下拉列表框中输入"80"，单击"确定"按钮，这时列出了"语文"成绩大于等于 80 的数据行。

❹ 用同样方式，在"数学"列中筛选出大于等于 80 的行。

这时列出了"语文"和"数学"成绩均大于等于 80 的数据行，即相当于在"语文"列已被筛选的基础上，再对"数学"列进行筛选。

3．显示语文大于等于 90 或小于 60 的数据行

❶ 单击"表 7"数据列表中任意一个单元格。

❷ 选择"数据"功能区→"排序和筛选"组→"筛选"→单击"语文"右侧的下拉箭头，选择"数字筛选"→"大于或等于"，出现"自定义自动筛选方式"对话框（见图 3.15(c)），在对话框左上方选择"大于或等于"，在右上方输入"90"，再选中"或"单选按钮，然后在对话框左下方选择"小于"，在右下方输入"60"，单击"确定"按钮。

4．筛选出"语文"或"数学"成绩大于等于 90 的数据行

使用自动筛选，同一项可以使用"或"操作，如显示"语文"成绩大于等于 90 或小于 60 的数据行，而不同项之间采用的是"与"操作，即要求同时满足条件。现在要求不同项之间使用"或"操作，可以采用高级筛选。

❶ 选择"表 8"工作表。

❷ 在"表 8"中与数据列表不相邻的单元格（N1:O3）中输入如图 3.16(a)所示的条件。

❸ 单击数据列表中任意一个单元格，选择"数据"功能区→"排序和筛选"组→"高级"，出现"高级筛选"对话框（如图 3.16(b)所示）。

(a)   (b)

图 3.16 高级筛选

❹ 对话框的列表区域自动为数据列表区域，在条件区域中输入 "N1:O3" 或 "$N$1:$O$3"，单击 "确定" 按钮。

说明：高级筛选中 "与" 操作的各条件应放在同一行，"或" 操作时各条件应放在不同行。

【题目 9】创建数据透视表

插入一张空白工作表，将表命名为 "销售量"，输入如图 3.17 所示的数据，要求统计每个商场在每个产品上的销售总量，并存放于新工作表中，如图 3.18(a)所示；查看图 3.18(a)中 "20" 这一项的明细数据，如图 3.18(b)所示。

该统计可以通过创建数据透视表获得，通过拖动数据字段来显示和组织数据。

1. 创建数据透视表

❶ 单击原始数据列表的任一单元格。

❷ 选择 "插入" 功能区→ "表格" 组→ "数据透视表"，出现的 "创建数据透视表" 对话框，从中选择放置数据透视表的位置为 "新工作表"，单击 "确定" 按钮。

❸ 这时在新工作表中会出现用于设置数据透视表的 "数据透视表字段列表" 窗格，如图 3.19 所示，从中确定数据透视表显示行、列和数据内容。

   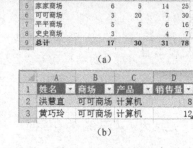   

图 3.17 生产表原始数据   图 3.18 数据透视表   图 3.19 设置数据透视表

将图 3.19 上方的 "商场" 拖到下方的 "行标签" 框内，将上方的 "产品" 拖到下方的 "列标签" 框内，将上方的 "销售量" 拖到下方的 "Σ 数值" 处。这时工作表中就会出现如图 3.18(a)所示的数据透视表。

❹ 单击数据透视表中文字 "列标签" 所在单元格，输入文字 "产品"；单击文字 "行标签" 所在单元格，输入文字 "商场名"。

如果用户要更改汇总方式，如要求最大值，则可以右键单击图 3.18(a)中的 "求和项：销售量"，在弹出的快捷菜单中选择 "值汇总依据"，再按要求选择计数、平均值、最大值、最小值等。

2．查看明细数据

双击图 3.18(a)中含有数据"20"的单元格，会出现一张新工作表，包含如图 3.18(b)所示的关于"20"的明细数据，即由"8"和"12"构成。

五、操作题

1．对实验一操作题中的文件 A.xlsx，在 Sheet2 中输入表格，包含"学号"、"姓名"、"性别"、"出生日期"、"系科"、"奖学金"（10 人）；输入的系科包含"数学系"、"中文系"、"外语系"、"物理系"；奖学金的范围为 500～2000。

学号	姓名	性别	出生日期	系科	奖学金
……	……	……	……	……	……

2．对 Sheet2，按"姓名"、"奖学金"创建折线图，并给"奖学金"加上数据标签（值）。更改工作表中某人的奖学金为 500，观察图表变化；给图表加上标题"学生奖学金情况"；将图表复制到 Sheet5，并将类型改为三维簇状柱型图。

3．在 Sheet3 前插入 2 张工作表，分别命名为"学生表 1"、"学生表 2"，并把 Sheet2 中的列表内容复制到这两张工作表；在"学生表 1"中用筛选，要求满足条件 1000≤奖学金≤1500；在"学生表 2"中使用高级筛选，条件为物理系的奖学金≥1000，然后将其名单复制到 Sheet1 的空白区域中。

4．对 Sheet2 中的数据列表以"性别"为主要关键字、"奖学金"为次要关键字（降序）重新排序。

5．复制 Sheet2，改名为工作表"奖学金"，对"奖学金"表中的数据列表分类汇总，求各系奖学金总和。

6．对 Sheet2 建立数据透视表，统计各系男、女学生各获奖学金的总数，其格式如下：

	数学系	中文系	外语系	物理系	总计
男	……	……	……	……	……
女	……	……	……	……	……
总计	……	……	……	……	……

六、实验报告

1．写出完成操作题的详细步骤。
2．附上经过各项操作的各 Excel 文档，以电子文档提交。

第 4 章　可视化计算之 Raptor 操作

实验一　Raptor 基本操作

✿ 创建第一个 Raptor 程序
✿ 摄氏温度转换为华氏温度
✿ 用天平找不同重量的小球
✿ 计算 e^x 值
✿ 输出杨辉三角

实验二　Raptor 高级操作

✿ 计算平均值
✿ 排序问题
✿ 矩阵相加
✿ 创建子过程
✿ 寻找水仙花数（穷举算法）
✿ 求斐波那契数列（递推算法）
✿ 求阶乘（递归算法）

可视化计算（Visualized Computing）即利用可视化计算环境，以实现程序和算法的设计、测试及结果呈现。将算法的设计过程可视化、运行过程可视化、问题和求解结果的可视化可以将现实世界方便地转换为可实现的计算机世界的产物，从而使得大量非计算机专业的用户，可以更容易地跨入算法学习之门，解决更多现实世界问题。

Raptor 是一种基于流程图的可视化程序设计开发环境，通过一组可连接的图形符号，表示可执行的指令，这种方式可以更清晰、更容易地进行程序和算法设计，同时使用 Raptor 设计的程序和算法可以直接转换成 C++、C#、Java 等高级语言，其简单而直观的操作使得用户可以很快速地掌握并应用。

首先，我们可以在 Raptor 官网（http://raptor.martincarlisle.com/）下载该软件并安装。安装成功后，双击桌面上的 Raptor 图标启动程序，默认情况下，将打开程序设计界面（如图 4.1 所示）和主控制台界面（如图 4.2 所示）。

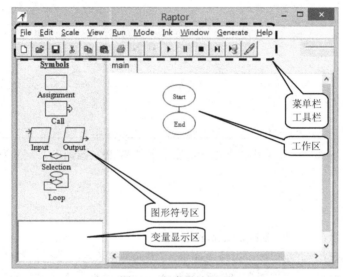

图 4.1　程序设计界面

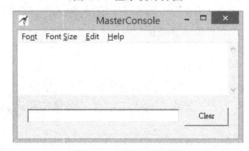

图 4.2　主控制台界面

程序设计界面：

❖ 菜单栏和工具栏——主要包括"File（文件）"、"Edit（编辑）"等菜单项。

❖ 图形符号区——提供了 6 种基本符号，分别是赋值符号（Assignment）、调用符号（Call）、输入符号（Input）、输出符号（Output）、选择符号（Selection）以及循环符号（Loop）。

❖ 变量显示区——显示流程图运行时所有变量和数组实时的变化数据。

❖ 工作区——创建 Raptor 程序流程图。

主控制台界面：用于显示程序的运行结果和错误信息，底部文本框中可输入命令，Clear 按钮用于清除主控制台内容

实验一　Raptor 基本操作

一、实验目的

认识 Raptor，掌握简单的数据处理以及利用三种基本结构解决问题的方法。

二、实验任务与要求

1．运算符及函数的使用。
2．用顺序结构解决问题。
3．用选择结构解决问题。
4．用循环结构解决问题。

三、知识要点

1．常量和变量

① 常量。程序运行中固定不变的量称为常量，在 Raptor 中有以下常量形式。

❖ 符号常量：内部已定义的用符号表示的常量，如将 Pi（圆周率）定义为 3.1416（精度可设置）。

❖ 数值型常量：如 12、0.5。

❖ 字符型常量：如'A'.

❖ 字符串型常量：如"Please input a number："。

② 变量。程序运行中可变化的量被称为变量，可以通过输入符号或赋值符号对变量进行赋值。变量被创建时，其初值决定了该变量的数据类型。Raptor 中的变量主要包括数值型和字符串型。

③ 标识符。标识符就是对实体的命名，每个变量的名称就是标识符，除了变量，我们给常量、子过程或子图、数组等所起的名称也都是标识符。

2．运算符和表达式

Raptor 提供了丰富的运算符，主要包括算术运算符、布尔运算符和关系运算符。

① 算术运算符，如表 4.1 所示。算术表达式是由算术运算符和运算对象所构成的，其运算结果是一个数值。

② 布尔运算符，如表 4.2 所示。布尔表达式的运算结果也是一个逻辑值（True/False）。

③ 关系运算符，如表 4.3 所示。关系运算符和运算对象构成关系表达式，运算结果是一个逻辑值（True/False）。

3．函数

Raptor 中提供了丰富的系统函数，这里主要介绍基本数学函数和三角函数。

① 基本数学函数，用于完成特定的数学计算，如表 4.4 所示。

② 三角函数，用于完成三角运算功能，如表 4.5 所示。

表 4.1　算术运算符表

	运算符	操　作
算术运算符	-	负号
	+、-	加法、减法
	*、/	乘法、除法
	**或^	幂
	MOD	取模运算
	REM	取余运算

表 4.2　布尔运算符表

	运算符	操　作
布尔运算符	not	非运算
	and	与运算
	or	或运算

表 4.3　关系运算符

	运算符	操　作
关系运算符	>、<、>=、<=	大于、小于、大于等于、小于等于
	!=、=	不等于、等于

表 4.4　数学函数表

数学函数	功　能	示　例
abs	绝对值	abs(-5)结果为 5
ceiling	向上取整	ceiling(2.1)结果为 3
floor	向下取整	floor(2.1)结果为 2
log	自然对数	log(e)结果为 1
max	最大值	max(3,6)结果为 6
min	最小值	min(3,6)结果为 3
sqrt	平方根	sqrt(4)结果为 2
random	生成一个范围在 0~1 的随机数	默认产生 0~1 的四位小数

表 4.5　三角函数表

三角函数	功　能	示　例
sin	正弦函数	sin (pi/2)结果为 1
cos	余弦函数	cos(pi/2)结果为 0
tan	正切函数	tan(pi/4)结果为 1
cot	余切函数	cot(pi/4)结果为 1
arcsin	反正弦函数	arcsin(1)结果为 1.5708 即 pi/2
arccos	反余弦函数	arccos(0)结果为 1.5708 即 pi/2
arctan	反正切函数	arctan(sqrt(2)/2,sqrt(2)/2) 结果为 0.7854 即 pi/4
arccot	反余切函数	arccot(sqrt(2)/2,sqrt(2)/2) 结果为 0.7854 即 pi/4

4．结构化程序设计的三种基本结构

结构化程序设计的基本结构包括顺序结构、选择结构和循环结构。Raptor 程序是一组连接的符号，从开始（Start）符号起步，按照连接箭头的方向执行指令直到结束（End）符号为止。顺序结构最简单，是按照指令先后顺序依次执行。选择结构是按照条件判断决定执行哪一个分支。循环结构是重复执行某条或某几条指令。一个程序中可以将这些结构组合使用，实现特定的功能。

① 顺序结构。顺序结构只能按照符号出现的先后顺序逐条执行，不能跳转，如图 4.3 所示。

② 选择结构。如果需要根据条件成立与否执行不同操作时，需要用选择结构，在 Raptor 中使用菱形符号 Selection 表示，用 Yes/No 表示条件的求解结果，根据结果执行不同的指令，如图 4.4 所示。

③ 循环结构。在 Raptor 中，循环结构用一个椭圆和一个菱形符号表示 Loop ，当菱形框中的表达式结果为 No 为时，执行循环体，而结果为 Yes 的时候则结束循环，如图 4.5 所示。

如果一个循环体内又包含了一个完整的循环结构，就称为多重循环或嵌套循环，一般处于内部的循环称为内循环，处于外部的称为外循环。

双重循环需要两个循环变量，多重循环则需要多个循环变量。外循环变量变化一次，内循环变量则变化一个轮次。

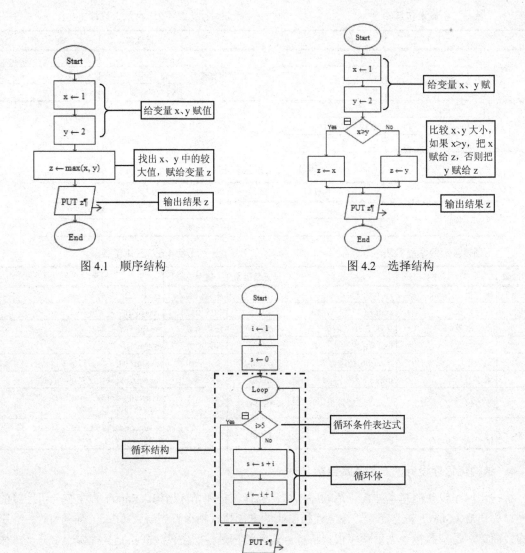

图 4.1　顺序结构

图 4.2　选择结构

图 4.5　循环结构

四、实验步骤与操作指导

【题目 1】创建第一个 Raptor 程序

用 Raptor 编写程序，实现输出 "Hello, World!"。

1. 启动 Raptor，并新建文件。

双击 Raptor 图标![icon]，打开 Raptor 主界面。在 "File" 菜单中新建并保存文件为 hello.rap，如图 4.6 所示。

2. 添加输出符号

❶ 在符号区，单击 "Output" 符号并将其添加到 "Start" 和 "End" 符号中间，如图 4.7 所示。

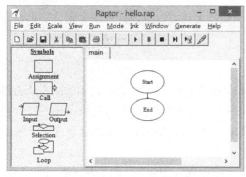
图 4.6　新建文件

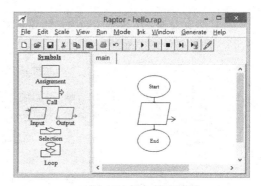
图 4.7　添加输出符号

❷ 右键单击输入符号打开快捷菜单，如图 4.8 所示，并单击"Edit"项，打开"Edit"对话框。

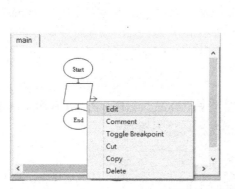

图 4.8　编辑输出符号

❸ 在对话框中输入"Hello,World!"，默认情况下，"End current line"是被选中的，表示输出时会输出换行符，当你单击"Done"按钮，完成程序编写如图 4.9 所示，会自动产生¶符号。

3. 运行程序

单击▶按钮，即可运行程序，如图 4.10 所示，在"MasterConsole"即主控制台对话框中显示输出结果。

图 4.9　流程图　　　　　　　　图 4.10　运行程序

【题目 2】摄氏温度转换为华氏温度（顺序结构）

从键盘输入摄氏温度值，计算对应的华氏温度并输出。转换公式为：$F = 32 + C \times 1.8$。其中，F 表示华氏温度，C 表示摄氏温度。

分析：本题是一个典型的顺序结构问题，首先从键盘输入摄氏温度值，然后根据已知的转换表达式进行计算，最后输出结果。

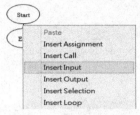

图 4.11　添加输入符号

1．添加输入符号

❶ 添加输入符号的方式除了可以像题目 1 中提到的从左侧符号区窗口选择添加，也可以在"Start"和"End"连线处单击右键，打开如图 4.11 所示的快捷菜单，从中选择"Insert Input"命令，打开"Enter Input"对话框。

❷ 分别在上下两个文本框中输入提示语"please input C:"和变量"C"，如图 4.12 所示，然后单击"Done"按钮。

2．计算表达式

❶ 添加"Assignment"符号，在符号内单击右键，在打开的快捷菜单中选择"Edit"命令。

❷ 打开"Enter Statement"对话框（如图 4.13 所示），在"Set"文本框中输入变量名 F，在"to"文本框中输入计算的表达式"32+C*1.8"，然后单击"Done"按钮。

3．添加输出符号

添加输出符号，在对话框中输入""F ="+F"，单击"Done"按钮，流程图如图 4.14 所示。

图 4.12　编辑输入对话框

图 4.13　编辑任务对话框

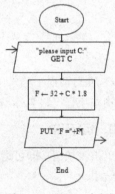

图 4.14　题目 2 流程图

4．运行程序

运行程序，在弹出的对话框中输入摄氏温度值，单击"OK"按钮，在"Master Console"对话框中将显示输出结果，在左下角变量显示区中可以观察各变量的数值，如图 4.15 所示。

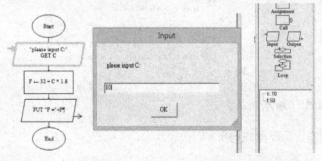

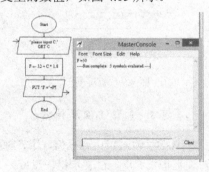

图 4.15　运行程序

【题目3】用天平找不同重量的小球（嵌套的分支结构）

有三个小球，它们的外观大小一样，但是其中有一个的重量与其他两个球不同，现在只有一架天平，如何用最少的称量次数找出那个不同的小球。其中，A、B、C 分别代表三个小球，并作为保存各小球重量的变量。

分析：天平可以比较两端物体的轻重关系，每称一次，即可对两个小球的重量关系做出一个判断；对于三个小球，只有一个小球重量不一样，所以任意比较其中的两个，如果天平平衡，则立刻可以做出判断剩下的那个小球重量不同，如果不同，则需要继续下一次称重；天平的一端换入第三个小球，如果天平平衡，则不同的就是那个被换出的小球，如果依旧不平衡，则刚才未被换出的小球是答案。这样，最多两次就可以完成任务。

用 Raptor 完成该任务时，用关系运算可模拟天平称重的过程，同时用分支结构对每次称重做出选择。

1. 分别输入三个小球的重量

依次添加 3 个输入符号，并编辑，如图 4.16 所示。

2. 实现天平称重过程

❶ 添加选择符号。在菱形框内单击右键打开快捷菜单，单击 "Edit" 命令，打开 "Enter Selection Condition" 对话框，并在文本框中输入选择判断条件 A 是否等于 B 即 "A=B"，单击 "Done" 按钮。

图 4.16　输入三个小球的重量

❷ 设置分支操作，如图 4.17 所示。如果 "A=B" 关系表达式成立（Yes），C 小球就是那个不同的小球，所以在左侧分支中添加输出符号，输出 "C ball is the different one."。如果关系表达式不成立，进入右侧的 "No" 分支，继续添加新的选择符号，在菱形框中添加 "A=C" 的关系表达式，如果 "A=C" 这个关系表达式成立（Yes），B 小球就是那个不同的小球，所以在左侧分支中添加输出符号，输出 "B ball is the different one."；如果关系表达式不成立，进入右侧的 "No" 分支，输出 "A ball is the different one."。

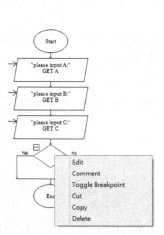

图 4.17　设置分支结构

完整的流程图如图 4.18 所示。

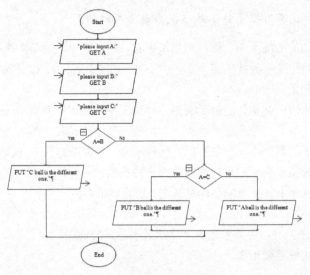

图 4.18　题目 3 流程图

3. 运行程序

运行程序，根据提示分别在输入对话框中输入 A、B、C 的值。输入 3、4、3，运行结果如图 4.19 所示。输入 3、5、5，运行结果如图 4.20 所示。

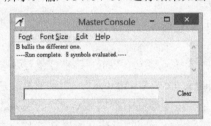

图 4.19　运行结果 1

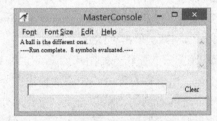

图 4.20　运行结果 2

【题目 4】计算 e^x 的值（单循环结构）

利用数列 $e^x = 1 + \dfrac{x}{1!} + \dfrac{x^2}{2!} + \dfrac{x^3}{3!} + \cdots$，输入 x，计算 e^x 的值，直到最后一项绝对值小于 10^{-4}。

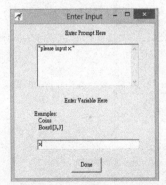

图 4.21　添加输入符号

分析：这是一个数列累加求和问题，可以通过单层循环结构实现。通常我们需要观察数列规律，找出通项式，利用循环结构反复执行计算。

本题中，每一项 item=item*x/i，循环控制变量 i=i+1，累加和 s=s+item。

1. 添加输入符号

添加输入符号，如图 4.21 所示。

2. 实现求和过程

求和过程是一个单循环结构，在进入循环之前需要对使用的变量赋初始值，包括循环变量 i=1，存放数列和的变量 s=0，数列项 item=1；然后添加循环符号，并在"Edit Loop Condtion"对话框中输入循环终止的条件，即 item<10^-4；当 item>=10^-4 时，不断累加 s，同时 item、i 不断更新，如图 4.22 所示。

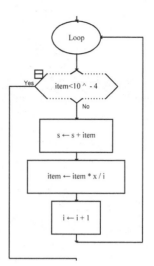

图 4.22　循环结构

3．输出结果

添加输出符号，输出结果 s 的值。

4．运行程序

运行程序，观察程序运行步骤以及变量区中变量的变化情况。

【题目 5】输出杨辉三角（嵌套循环结构）

打印杨辉三角图形，例如，n 值输入 4，输出如下图形：

```
1
1   1
1   2   1
1   3   3   1
1   4   6   4   1
```

杨辉三角中每一项的值可以表示为：

$$C(i, j+1) = \begin{cases} 1 & j = -1 \\ \dfrac{(i-j)C(i,j)}{j+1} & j > -1 \end{cases}$$

其中，$C(i, j+1)$ 表示第 i 行第 j+1 列元素，$C(i, j)$ 表示第 i 行第 j 列的元素。

分析：这个问题不仅要解决杨辉三角中每个数据项的计算，还要解决图形输出问题。如图 4.23 所示，可以通过双重循环实现，外层循环变量控制行数，内层循环变量控制每行中每一列数据的输出。这里特别要注意输出形式，在每一行的全部数据输出后才需要换行输出下一行，因此输出每一行内的 c 值时，在 Enter Output 对话框（如图 4.24 所示）中把"End current line"框中的勾去掉，这样输出时就不会换行。而当一行数据输出完毕后，即在外循环中则需要增加一个输出换行的符号，如图 4.25 所示。

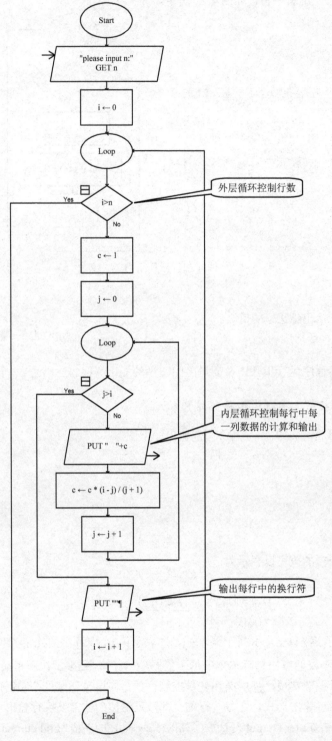

图 4.23　题目 5 流程图

图 4.24　输出对话框 1

图 4.25　输出对话框 2

五、操作题

1. 编写程序输入年份，判断是否为闰年，并输出结果。

2. 求解一元二次方程 $ax^2 + bx + c = 0$ 的根，其中 a、b、c 的值由键盘输入值。

3. 编写程序求 100 以内所有偶数之和，并输出其结果。

4. 编写程序输入正整数 n，判断 n 是否为素数，并输出结果。

5. 输入两个正整数 m、n，求其最大公约数和最小公倍数并输出。

6. 输入 n，输出 n 行数据图形，如 n 为 5，输出如下图形：

```
12345
23451
34512
45123
51234
```

7. 计算 $\dfrac{1}{4} - \dfrac{4}{5} + \dfrac{7}{9} - \dfrac{10}{16} + \dfrac{13}{26} - \cdots$ 的前 n 项之和，其中 n 值由键盘输入。

8. "今有雉兔同笼，上有三十五头，下有九十四足，问雉兔各几何？"请你编程解答鸡和兔子各几只。

实验二　Raptor 高级操作

一、实验目的

掌握 Raptor 的进一步应用。

二、实验任务与要求

1. 数组的使用。

2．子过程的设计和实现。

3．常用算法的实现。

三、知识要点

1．数组

我们发现在解决问题时往往会使用大量的变量，而且这些变量之间往往存在一种内在的联系，如一组学生的成绩或者一组数列等。Raptor 与其他程序设计语言一样，也提供了数组这种构造的数据类型，用于存放若干有内在联系的数据。

数组即数据的有序集合，一个数组的若干元素连续存放，用统一的名字即数组名进行标识，用下标号区分每个元素。下标号可以是一个也可以是多个，其个数决定了数组的维度，在此我们主要掌握一维数组和二维数组的应用。使用时请注意以下要点：

① 数组使用之前应先进行创建，创建时需指明数组名及数组长度，如 array[5]表示创建了一个名为 array 的一维数组，该数组包含 5 个元素。

② 引用数组元素时，需指明数组名以及下标号，其中下标号必须是正整数，不能为 0 或小数。默认情况下，数组中的第一个元素的下标号是 1，依次类推，第 n 个元素的下标号为 n。

数组中每个元素的类型可以相同，也可以不同，这与其他一些程序设计语言不同。

（1）一维数组

一维数组可以看成排成一行的一组数据，如图 4.26 所示的数组，数组名为 score，共 5 个元素，分别用 1、2、3、4、5 的下标号表示。

score[1]	score [2]	score [3]	score [4]	score [5]

图 4.26　数组示意

在 Raptor 中，数组通常可以通过赋值语句或输入符号对数组中的一个或多个元素赋值来创建，而创建的数组大小可由赋值语句或输入符号中给定元素的最大下标来决定，如图 4.27 所示。通过输入给 score[5]赋值 100，确定了 score 数组的元素个数为 5。在窗口的左下角变量显示区中显示了 score 数组的情况，其中未赋值的元素默认为 0，默认数组的数据类型为输入数据的类型，即数值型数组，如果输入时对 score[5]赋值字符 a，那么未赋值的元素将默认为字符型，如图 4.28 所示。

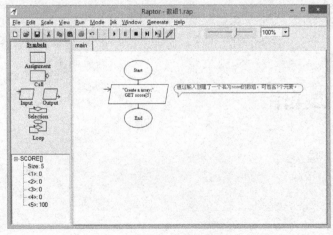
图 4.27　创建数组

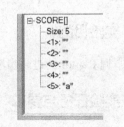
图 4.28　赋值字符数组

如果需要扩展数组大小，如希望把 score 数组的大小扩展为 10，那么只需要在原来基础上对 score[10]赋值即可，如图 4.29 所示。

如果需要对数组每个元素赋值，可以使用循环结构实现。

（2）二维数组

二维数组是指具有两个下标的数组，分别为行下标和列下标，可用于表示矩阵。在 Raptor 中，二维数组的表示形式为"数组名[行下标, 列下标]"。如图 4.30 所示，mat[2,3]表示一个 2 行 3 列的二维数组，共 6 个元素。

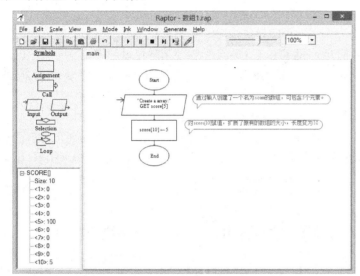

图 4.29　扩展数组

| mat[1,1] | mat[1,2] | mat[1,3] |
| mat[2,1] | mat[2,2] | mat[2,3] |

图 4.30　二维数组示意

二维数组创建的方法同一维数组创建方法相同，可以通过赋值或输入来创建。

2．子过程

之前的程序所有操作都是在主图 main 中完成的，但在程序设计过程中，有时候需要通过把一个大的问题分成若干小的功能模块来完成，这被称为模块化程序设计。模块化程序设计使得程序更容易理解，也更容易调试和维护。在 Raptor 中，功能模块可以通过创建子过程来实现，其优点在于：① 模块功能独立单一，易于实现；② 代码可以重用；③ 程序结构清晰易维护。

（1）创建子过程

创建子过程需要右键单击"main"标签，在弹出的快捷菜单中选择"Add procedure"命令，随即弹出一个创建子过程的对话框（如图 4.31 所示），分别输入子过程名以及各参数信息。其中，子过程名只需是有效的 Raptor 标识符即可，而参数是指在调用子过程时交换信息的变量，可以是一个，也可以是多个（最多不超过 6 个）。

（2）参数传递方式

参数可以分为实际参数（简称实参）和形式参数（简称形参），调用子过程的时出现的参数为实参，而定义子过程时的参数称为形参。形参的定义形式包括 3 种传递方式。

图 4.31　创建子过程

❖ 输入（Input）：从调用者向子过程内部传递，即实参赋给形参，其中实参可以是常量、变量、表达式等，形参是变量。

❖ 输出（Output）：作为子过程的返回值，过程结束，该值会赋给对应的实参，实参和形参必须都是变量形式。

❖ 输入输出：同时选中输入和输出，代表该参数可以双向传递，要注意此时的实参和形参必须也是变量。

（3）参数传递类型

实参的类型可以是常量、变量、函数、数组名等。

常量作为实参，传递方式只能是 Input，即常量值传递给形参。

变量作为实参，传递方式可以是 Input 也可以是 Output，实参形参可以同名，当设置为 Input 时，即实参传递给形参，形参变量的改变不影响实参变量，若设置为 Output 时，形参变量的值作为返回值传递给实参变量。

子过程名作为实参，对应的形参必须是变量，子过程的结果传递给形参变量。

数组名作为实参，对应的形参也必须是数组名，当发生子过程调用时，实参数组的所有元素都传递给形参数组，当形参数组元素发生变化时并不影响实参数组。这和其他一些程序设计语言有所区别。

3. 算法

算法是程序设计的基础，针对一个问题，如何找到行之有效的算法是解决问题的关键，下面介绍几种常见的算法。

① 穷举算法。穷举算法，也称为蛮力法，是一种简单而直接的解决问题的方法，就是在一定的空间范围内逐一检测，找出满足要求的解。穷举法通常使用循环结构实现，通过循环逐一列举，然后应用选择结构进行筛选，找出满足要求的解，虽然相对比较耗时，但是在很多问题上是一种有效的方法。

② 递推算法。递推算法是一种简单的算法，即通过已知条件，利用特定关系得出中间推论，直至得到结果的算法。该算法通常也是通过循环结构来实现，在循环外设置递推变量的初始值，在循环体内根据递推式不断递推，直到得到求解结果并结束递推。

③ 递归算法。递归是直接或间接地调用自身的算法，也是算法设计中一种常用的算法。它是通过把原问题转换为规模缩小了的同类子问题的方式去解决，使得复杂问题变得简单而易解决。当然不是所有的问题都可以用递归的方式解决，一般能够用递归解决的问题应该满足两点：问题能归纳出递归式；必须有递归出口，也就是能够结束递归的条件。

四、实验步骤与操作指导

【题目 6】计算平均值（一维数组）

有个班级的同学参加体检测量身高，现要求编写程序输入该班级 10 位同学的身高，并计算该班同学的平均身高并输出结果。

分析：首先要输入 10 位同学的身高数据，该数据如果保存在变量中，就需要 10 个变量，但变量数量过多会增加麻烦，所以可以考虑用数组来存放数据，通过循环结构输入每个学生的身高数据并存入数组；接着先计算所有数据的总和，然后除以人数，获得平均值，最后输出结果。

1．创建数组并输入数据

因为需要存储 10 个同学的身高数据，所以需要一个长度至少为 10 的一维数组，可以通过循环结构依次输入，如图 4.32 所示。

当程序被执行时，将依次弹出 10 次输入对话框（如图 4.33 所示）。输入完毕，在变量区将显示刚才输入的值，如图 4.34 所示。

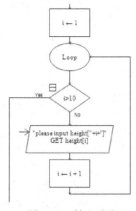

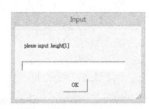

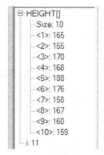

图 4.32　输入流程　　　　　　图 4.33　输入对话框　　　　　　图 4.34　变量区

2．计算平均身高值

通过循环，计算身高总和 sum，如图 4.35 所示。其中，sum=sum+height[i]，height[i]是对数组第 i 个元素引用表示，然后除以人数 10，并将计算结果赋给变量 aveheight。

3．运行程序，

运行程序，根据提示分别输入一组身高数据，运行结果如图 4.36 所示。

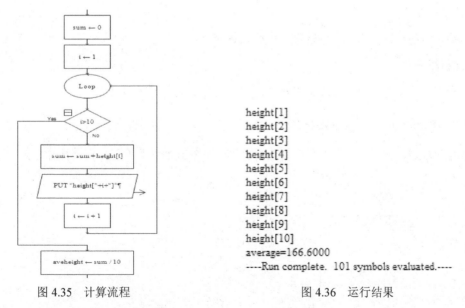

图 4.35　计算流程　　　　　　　　　图 4.36　运行结果

【题目 7】排序问题（一维数组）

同题目 6，将该班级的 10 位同学身高从高到矮依次排序输出。

分析：这其实是一个排序问题，即将数值从大到小依次排列。基本的排序算法有很多，如冒泡排序、选择排序、插入排序等，这里介绍选择排序的算法，并用数组实现。

1. 选择排序基本思想

选择排序的基本思想是，将一组数中的最大值（或最小值，这依据排序要求是从大到小排还是从小到大排）选出并与第一个数交换，接着用同样的方法，将剩余的数中的最大值选出并交换，不断重复，直到最后一个数。找最大值算法在基本操作一节中分析过，这里不再详解。

10 位同学身高排序的过程如图 4.37 所示。

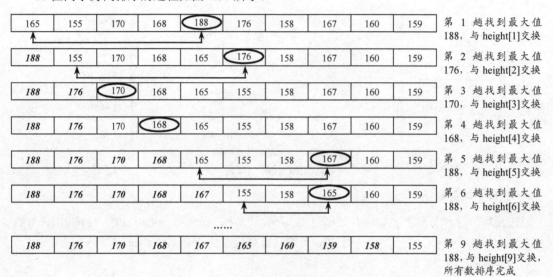

图 4.37 选择排序示意

2. Raptor 实现

数据输入同前一题，实现排序过程，如图 4.38 所示。

3. 运行程序

运行程序，根据提示分别输入一组身高数据，运行结果如图 4.39 所示。

【题目 8】矩阵相加（二维数组）

在线性代数中，设有两个 2×3 的矩阵 A、B，计算 $A+B$ 的结果并以矩阵形式输出。

$$A = \begin{bmatrix} 1 & 2 & 3 \\ 4 & 5 & 6 \end{bmatrix} \qquad B = \begin{bmatrix} 1 & 1 & 1 \\ 2 & 2 & 2 \end{bmatrix}$$

分析：两个 $m×n$ 的矩阵 A、B 相加可表示为：

$$A+B = \begin{bmatrix} a_{11}+b_{11} & a_{12}+b_{12} & \cdots & a_{1n}+b_{1n} \\ a_{21}+b_{21} & a_{22}+b_{22} & \cdots & a_{2n}+b_{2n} \\ \vdots & \vdots & \ddots & \vdots \\ a_{m1}+b_{m1} & a_{m2}+b_{m2} & \cdots & a_{mn}+b_{mn} \end{bmatrix}$$

本题可以用两个 2 行 3 列的二维数组分别存储矩阵 A、B 的数据，结果存放到另一个二维数组 C 中，其中 $C_{ij}=A_{ij}+C_{ij}$。

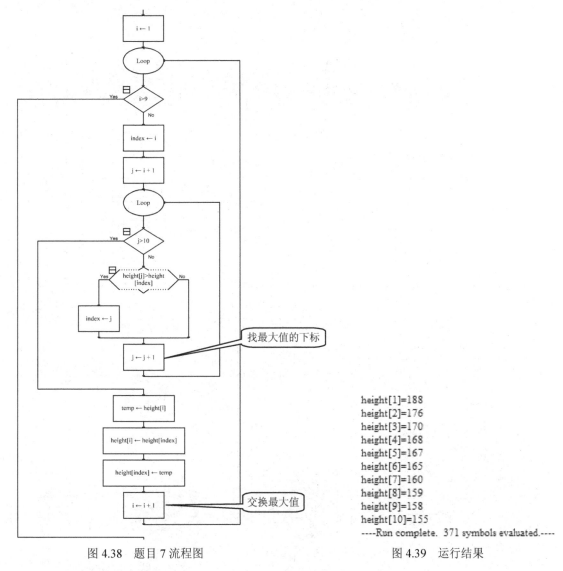

图 4.38 题目 7 流程图

```
height[1]=188
height[2]=176
height[3]=170
height[4]=168
height[5]=167
height[6]=165
height[7]=160
height[8]=159
height[9]=158
height[10]=155
----Run complete. 371 symbols evaluated.----
```

图 4.39 运行结果

1. 给定矩阵 A 和 B 的值

通过双重循环，外层循环 i 控制行，内层循环 j 控制列，执行 A[i,j]=i+j+1 和 B[i,j]=i，对数组 A 和 B 的每个元素分别赋值，如图 4.40 所示。程序执行时，可以通过变量区观察到数组中元素的变化。

2. 计算矩阵 C

结果矩阵 C 是和 A、B 矩阵同型的，所以结果可存放到 2 行 3 列的二维数组 C 中，同样用双重循环，对每个 C 数组中的元素赋值，即 C[i,j]= A[i,j]+B[i,j]，如图 4.41 所示。

3. 按矩阵形式输出 C

输出的过程其实就是遍历二维数组每一个元素的过程，注意输出格式，矩阵形式输出在这里意味着每一行中的数组元素输出时不应换行，而当三个数据输出完毕后则需要换行输出下一行，因此编辑输出符号时，打开如图 4.42(a)所示的对话框，去掉"End current line"的勾选，这样输

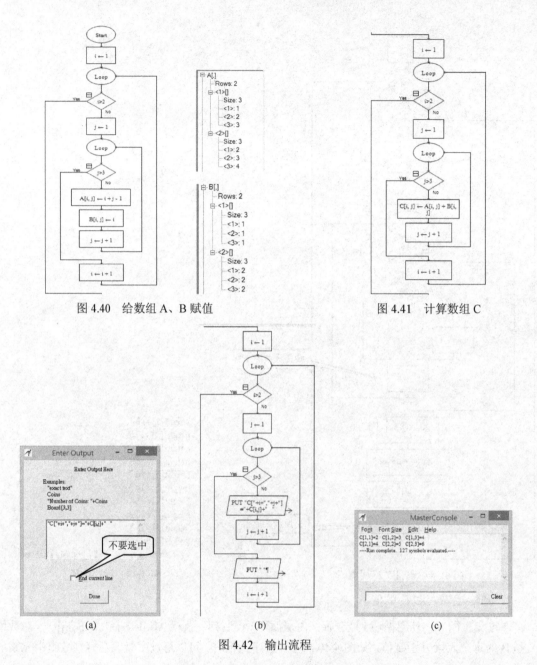

图 4.40 给数组 A、B 赋值   图 4.41 计算数组 C

(a)   (b)   (c)

图 4.42 输出流程

出时就不会换行。而在外循环中增加一个输出换行的符号，如图 4.42(b)所示，最后程序运行输出结果如图 4.42(c)所示。

【题目 9】（子过程） 计算 $\dfrac{m!}{n!+k!}$，其中 m、n、k 为正整数

输入 m、n、k 的值，按公式计算结果并输出。

分析：求解以上公式，重要的就是分别求解 $m!$、$n!$ 和 $k!$。对于阶乘的求解，我们可以用循环实现，如图 4.43 所示，计算 m、n、k 阶乘分别用了三段循环结构。观察这三段循环会发现，除了循环次数不同，其基本结构和符号都是相同的。为了使得程序更加简练，避免这样的重复，可

以考虑把这一段改造成一个子过程来实现，就是在主图中 3 次调用计算阶乘的子过程完成计算。

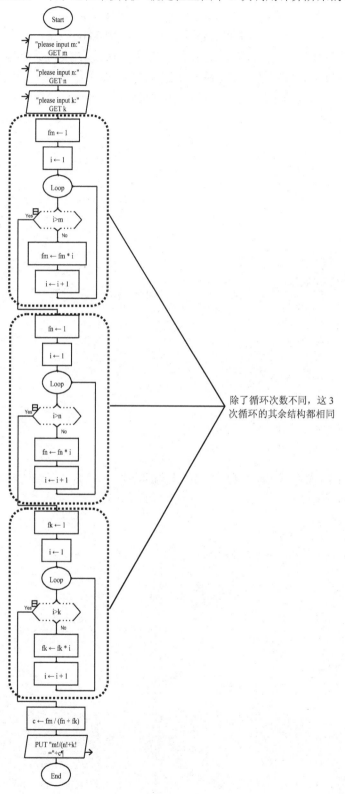

图 4.43　流程图

1. 创建子过程

❶ 打开 "Mode" 菜单，选择 "Intermediate" 选项，如图 4.44(a)所示。

❷ 如图 4.43(b)所示，右键单击主图 main 标签，选择 "Add procedure" 选项，弹出一个创建子过程的对话框，从中对子过程命名及参数设置，如图 4.45 所示。依据题意，创建一个名为 myfact 的子过程，用于完成阶乘计算，其计算需要来自主图的信息即求几的阶乘，也就是数值 m、n、k 可以通过参数（input）传递进子过程，计算的阶乘结果同样需要通过参数(output)返回主图。

(a)

(b)

图 4.44　创建子过程

图 4.45　参数设置

2. 子过程调用

在主图中添加 Call 符号调用子过程，单击右键编辑，在如图 4.46 所示的对话框中输入子过程名、实参，如 myfact(m, fm)。

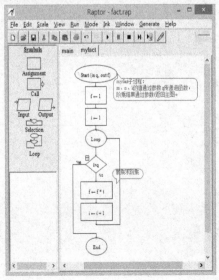

图 4.46　调用子过程

实参 m 值传递给函数的形参 q，计算的阶乘结果通过函数形参 f 返回给主图中的实参 fm。参数传递如图 4.47 所示。

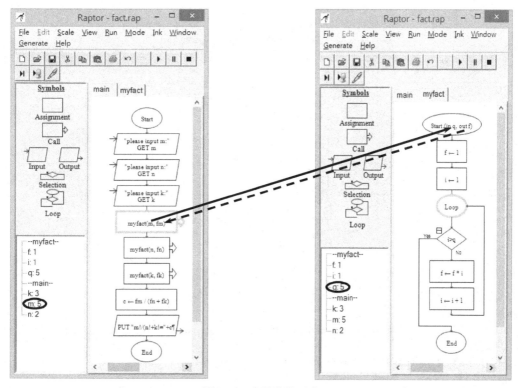

图 4.47　参数传递示意

【题目 10】寻找水仙花数（穷举算法）

将 100 到 999 之间的水仙花数依次输出，一个数中的每一位数的立方和与这个数相等，这样的数称为水仙花数。

分析：根据水仙花数的定义，需要将一个数分解，然后对分解得到的数求立方和，并判断是否和原数相等，如果相等，则是需要的结果；将 100～到 999 之间所有的数按上述方法逐一扫描，输出全部结果即可。

1. 分解数

分解一个三位数 m，可以利用 mod（取余）运算、floor（取整）函数。

个位 u=m mod 10；

十位 d=floor(m/10)；

百位　h=floor(m/100)。

2. 扫描所有的数，判断是否为水仙花数

扫描所有数可以使用循环结构，对每个数判断其立方和是否和自身相等，表达式可以写成 u*u*u+d*d*d+h*h*h=m 或 u^3+d^3+h^3=m，当表达式为真时，说明 m 是水仙花数，否则就不是。

3. 程序实现

程序如图 4.48 所示。

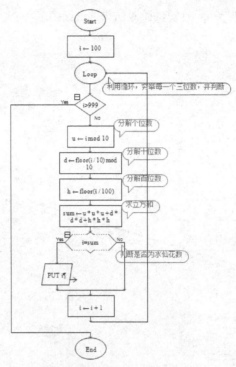

图 4.48　题目 10 流程图

【题目 11】斐波那契数列（递推算法）

斐波那契数列是因数学家列昂纳多·斐波那契以兔子繁殖为例而引入的数列，所以也被称为"兔子数列"。兔子在出生两个月后就有繁殖能力，一对兔子每个月能生出一对小兔子。如果所有兔子都不死，那么兔子在每个月的数量就是这样的数列：1、1、2、3、5、8、13、21、34、…需要计算第 n 个月时兔子的数量，n 通过输入获得。

分析：该数列的特征是第 1、2 项是 1，从第 3 项开始是前两项之和，所以我们可以用递推法计算新的一项，每个月兔子的数量我们可以存放在一个数组中，所以第 n 个月兔子的数量可表示为 f[n]=f[n-1]+f[n-2]。

程序实现如图 4.49 所示。

【题目 12】求阶乘（递归算法）

编写一个递归子过程完成 $n!$ 的运算。

分析：阶乘计算在题目 9 中使用的是递推算法，通过递推式 $f=f×i$ 完成计算，现在题目要求用递归的方式完成，也就是在一个过程的定义中直接或间接地调用自身。在本题中计算 $n!$ 的问题可以通过 $(n-1)!$ 问题的完成来获得结果，也就是 $n!=n×(n-1)!$，而 $(n-1)!$ 的结果又可从 $(n-2)!$ 的值获得，最终问题将变成求解 $1!$，而此时问题就很简单，$1!$ 的结果就是 1。

该问题用递归方式解决时，递归式 $n!=n×(n-1)!$，而递归出口为当 $n=1$ 或 $n=0$ 时，$n!=1$。

1. 定义子过程

添加子过程，过程名为 fact，两个参数分别是 n 和 f，如图 4.50 所示。n 的传递方式为 Input，将数据从调用者传递到过程内部，r 的传递方式为 Output，将计算结果返回给调用者。

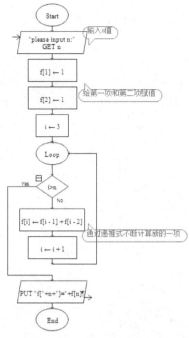

图 4.49　题目 11 流程图

2．定义主图

在主图中实现输入 n 值，调用 fact 子过程，最后输出结果，如图 4.51 所示。

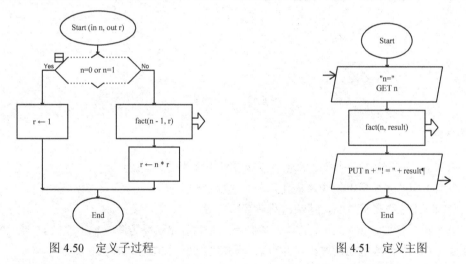

图 4.50　定义子过程　　　　　　　　　　图 4.51　定义主图

3．运行过程分析

以输入 n 值为 3 为例，发生过程调用，在变量区中显示 fact 和 main 中都有变量 n，不同的是 fact 中的 n 是形参，而 main 中的 n 是实参。继续运行，n 不等于 0 也不等于 1，所以执行右侧 no 分支，于是再次调用了 fact 过程。这就是递归调用，也就是过程发生了对自身的调用，如图 4.52 所示，fact(3, r) 调用了 fact(2, r)，fact(2, r) 又调用了 fact(1, r)。当 n=1 时，执行左侧分支，得到子过程的结果 1，将通过 r 返回给上一层 fact(2, r)；以此类推，最终返回给主图的 result 变量。

返回过程如图 4.53 所示。

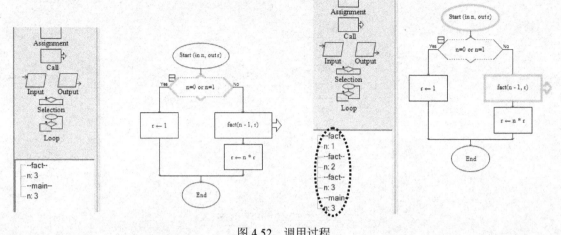

图 4.52　调用过程

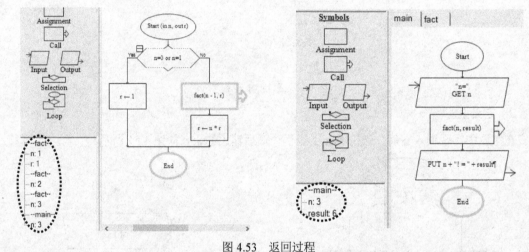

图 4.53　返回过程

五、操作题

1. 输入 n，然后输入 n 个学生的成绩，计算平均分并输出。

2. 将题 1 中的 n 个学生的成绩从高到低排序后输出。

3. 已知一个 3×3 的矩阵 A，请输出其转置矩阵 B。

4. 输入 n，再输入一个 $n \times n$ 的方阵，并判断其是否为上三角方阵，输出 "Yes" 或 "No"。

5. 编写一个判断素数的子过程，并用该过程输出 50～100 之间所有的素数。

6. 给定平面任意两点坐标 (x_1, y_1) 和 (x_2, y_2)，编写子过程求两点之间的距离。

7. 编写子过程计算任意正整数 m、n 的最大公约数。

8. 现在有 1 元钱，要求兑换成 5 分、2 分、1 分的硬币，每种硬币至少一枚，请列出所有的方案，并统计一共有多少种方案。

9. 用递归法求解斐波那契数列的第 n 项值。

第5章 数据科学实践初步

实验一 R 语言基本操作

✿ 向量和矩阵操作
✿ 数据统计
✿ 数据框处理
✿ 生成图表

实验二 Scilab 基本操作

✿ 基本运算
✿ 向量和矩阵操作
✿ 方程组求解
✿ 绘制图形

通过本章练习，读者可以初步了解数据科学中使用的 R 语言和 Scilab 软件的部分操作，以便今后需要时进一步学习。

R 语言是 S 语言的一个分支，S 语言是由 AT&T 贝尔实验室开发的解释型语言。R 语言集统计分析与图形显示于一体，是一种统计分析软件，可以运行于 UNIX、Windows 和 Macintosh 操作系统。R 语言的主要功能包括：数据存储和处理，向量、矩阵方面的运算，统计分析，统计制图，实现分支、循环等。

Scilab 是由法国国家信息、自动化研究院的科学家们开发的软件。Scilab 是一种科学工程计算软件，可以方便地实现各种矩阵运算与图形显示，能应用于科学计算、数学建模、信号处理、决策优化、线性/非线性控制等方面。Scilab 还提供可以满足不同工程与科学需要的工具箱。与 Scilab 非常接近的软件是 MATLAB 软件，但后者是商业软件。Scilab 与 MATLAB 的语法非常接近，本书只进行 Scilab 部分实验，以便读者对 Scilab 有个初步的了解。有需要的读者可以进一步学习 MATLAB。

R 语言和 Scilab 都是"开放源码"软件，用户可以免费下载这些软件，下载的网址分别为 https://www.r-project.org/ 和 http://www.scilab.org。

实验一　　R 语言基本操作

一、实验目的

掌握 R 语言的部分功能，实现对数据的统计和处理。

二、实验任务与要求

1. 掌握 R 语言软件的功能、运行环境、启动和退出的方法。
2. 掌握向量、矩阵处理的方法。
3. 掌握数据的统计的方法。
4. 掌握处理数据框的方法。
5. 掌握创建统计图表的方法。

三、知识要点

1. R 启动

启动 R，出现 R 窗口，如图 5.1 所示。窗口中有一个 R Console 子窗口，用户可以在该子窗口中输入命令，R 会立即执行。

R Console 子窗口中的命令提示符为 ">"，即在 ">" 后输入命令。下面的具体操作中列出的每个命令前都有 ">"，这是系统自动出现的，执行时不要再输入它。

R 语言对大小写敏感，A 和 a 代表不同的对象，所以输入命令时，不要随意改变字母的大小写。R 语言对已输入过的命令有记忆，再次使用，可以用上箭头↑或下箭头↓找出，或找出后进行编辑。

2. R 中的注释

注释使用 "#文字"。注释部分，不论用户是否录入，都没有什么影响，因为注释并不执行。

3．R中的赋值与显示

R中的一个对象可以通过赋值来产生。R中有多种赋值的表示方法，最常用的是符号"<-"。输入"a <- 5*5←┘"（←┘表示按Enter键）后，R会立即执行，表示将计算出的结果25送到对象a。若要显示a中的内容，可以直接在提示符下输入"a←┘"。结果显示为"[1] 25"（其中[1]表示第一项，事实上此时仅有一项）。

4．数据框

数据框（Data Frame）是二维数据的矩阵，或者说像数据库中的表，由若干变量的若干观察值组成。数据框中的列表示变量，行表示观察值。显示数据框时，左侧会出现观测的初始序号，如图5.2所示。数据框在R中是一个对象。

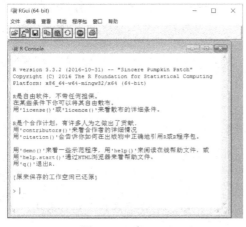

	月份	显示	电量	应缴额
1	1	93	14	7.81
2	2	105	12	6.70
3	3	116	11	6.14
4	4	134	18	10.04
5	5	153	19	10.60
6	7	176	23	12.83
7	8	187	11	6.14
8	10	207	20	11.16
9	11	225	18	10.04
10	12	237	12	6.70

图5.1　R窗口　　　　　　　　　　图5.2　R中显示的数据框数据

5．第一四分位数、中位数、第三四分位数

统计学中，把所有数值由小到大排列并分成四等份，处于三个分割点位置的数值就是四分位数。它们分别称为第一四分位数、中位数（第二四分位数）、第三四分位数。

6．标准差、方差

标准差、方差是两个统计概念。标准差反映一个数据集的离散程度，方差用来计算每个观察值与总体均数之间的差异，方差越大，数据的波动越大，反之，数据的波动就越小。

对于一批离散型数据 a_1、a_2、a_3、…、a_n，则

算术平均值为：
$$\mu = \frac{\sum a_i}{n}$$

标准差为：
$$\sigma = \sqrt{\frac{\sum (a_i - \mu)^2}{n-1}}$$

方差取值为标准差的平方。

7．NA、Inf、-Inf、NaN

NA（Not Available）表示缺失数据（缺失值）。

Inf、-Inf分别表示+∞和-∞。

NaN（Not a Number）表示是非数字值。

8. 聚类

聚类是将物理或抽象对象的集合分成由类似的对象组成的多个类的过程。

由聚类所生成的簇是一组数据对象的集合，同一个簇中的对象彼此相似度高，不同簇的对象之间相似度较小。

K-Means 算法是一个经典的聚类算法，可将 n 个数据对象划分为 k 个聚类。

9. 线性回归

线性回归是利用数理统计中回归分析，来确定两种或两种以上变量之间相互依赖的定量关系。回归模型一般表示为：

$$y = c_0 + c_1 x_1 + c_2 x_2 + \cdots + c_n x_n$$

最简单的形式就是 $y = c_0 + c_1 x_1$，即只包括一个自变量和一个因变量，称为一元线性回归。

10. 时间序列

时间序列是在时间上具有相同间隔的有限序列。时间序列分析可以探索数据按时间发展变化的规律，对未来进行预测。

11. 显示已有对象和清除对象

objects()用来显示 R 中已有的对象。

rm(对象列表)用来清除对象列表中的对象，如 rm(A, B)清除对象 A 和 B。

12. R 帮助

学会使用帮助系统有助于用户更好地理解和使用 R 中的命令，熟悉函数等相关语法。除了在窗口中使用"帮助"菜单，获得帮助还可以采用：

- ❖ ? 函数名。
- ❖ help(函数名)。
- ❖ help("函数名")。

使用 help.start()启动一个 Web 浏览器，可浏览包含多个超级链接的帮助页面。

四、实验步骤与操作指导

【题目 1】 数据的运算

计算(3+4)×5÷6-1 的结果送对象 a，计算 $\dfrac{-5^3 + \sqrt{6^2 - 4 \times 9 \times 2}}{2}$ 的结果送对象 b，分别显示 a 和 b。计算 1234 除以 12 后的整数部分，计算 1234 除以 12 后的余数。

启动 R 后，输入以下命令行（其中">"所在行为命令行，">"为提示符，不输入，"#"开始为注释，注释可以不输入）。

1. 简单四则运算

```
>a<-(3+4)*5/6-1                          # 计算(3+4)×5÷6-1，结果 4.833333 送入 a
```

2. 函数运算、复数运算、显示数据

```
> b <- (-5^3+sqrt(6*6-4*9*2+0i))/2        # 其中+0i 表示按复数计算，sqrt()为平方根函数
> a                                       # 显示 a 的值，为：[1] 4.833333
```

```
> b                                          # 显示 b 的值，为：[1] -62.5+3i
```

3. 整除与求余

```
> 1234 %/% 12                               # 其中%/%表示整除，显示为：[1] 102
> 1234%%12                                  # 其中%%表示求余数，显示为：[1] 10
```

【题目 2】向量和矩阵操作

建立向量 x：1 2 3 4 5 6 7 8 9。建立向量 y，向量的首数为 1，最后一个数的大小不超过 5，间隔为 0.5。建立向量 z，z 取值为 x+y。以 z 的值作为对角线数据，建立对角矩阵 A；显示 1 个 4 阶单位矩阵。分别显示 x、y、z、A。生成向量 xx，其值来自键盘输入（假定输入为 2 5 7 10 15）。建立一个与 xx 等长的向量 yy，对应的值是：若 xx[i] 是奇数，则取值为 0，否则取值为 1。生成一个 2 行 4 列的矩阵 B，其值按列优先为 1~8；生成一个 4 行 2 列，元素值全为 2 的矩阵 C。求解下列线性方程组的解。

$$\begin{cases} 7x+3y-5z+2u=19 \\ 12x-5y+7u=-20 \\ 2y+7z-u=16 \\ x+4y-7z-4u=10 \end{cases}$$

1. 建立数据有规律的向量 x、y、z 并进行向量运算

```
>x <- 1:9                                   # 建立向量 x，以 1 间隔，起始值为 1，终止值为 9
>y<- seq(1,5,0.5)                           # 建立向量 y，初值为 1，间隔 0.5，终值≤5
                                            # seq(1,5,0.5)也可以写成 seq(from=1,to=5,by=0.5)
> z<-x+y                                    # 向量求和
```

2. 建立对角矩阵、单位矩阵

```
> A<-diag(z)                                # diag()函数可用来构造对角矩阵
> diag(4)                                   # 显示 4 阶单位矩阵，如图 5.3 所示
```

diag()也可以返回一个由矩阵主对角元素组成的向量，所以 diag(diag(4))将得到：
```
[1] 1 1 1 1
```

3. 显示向量 x、y、z 和矩阵 A

显示对象，只要输入对象名并回车即可，具体如图 5.4 所示，">"所在行是输入行，其他行均为输出。

```
> x
[1] 1 2 3 4 5 6 7 8 9
> y
[1] 1.0 1.5 2.0 2.5 3.0 3.5 4.0 4.5 5.0
> z
[1]  2.0  3.5  5.0  6.5  8.0  9.5 11.0 12.5 14.0
> A
     [,1] [,2] [,3] [,4] [,5] [,6] [,7] [,8] [,9]
[1,]    2  0.0    0  0.0    0  0.0    0  0.0    0
[2,]    0  3.5    0  0.0    0  0.0    0  0.0    0
[3,]    0  0.0    5  0.0    0  0.0    0  0.0    0
[4,]    0  0.0    0  6.5    0  0.0    0  0.0    0
[5,]    0  0.0    0  0.0    8  0.0    0  0.0    0
[6,]    0  0.0    0  0.0    0  9.5    0  0.0    0
[7,]    0  0.0    0  0.0    0  0.0   11  0.0    0
[8,]    0  0.0    0  0.0    0  0.0    0 12.5    0
[9,]    0  0.0    0  0.0    0  0.0    0  0.0   14
```

```
     [,1] [,2] [,3] [,4]
[1,]    1    0    0    0
[2,]    0    1    0    0
[3,]    0    0    1    0
[4,]    0    0    0    1
```

图 5.3　单位矩阵　　　　图 5.4　分别显示 x、y、z、A

4. 建立来自键盘输入的向量 xx

```
>xx <- scan()
```

scan()函数可实现从键盘读取数据到向量中。使用 scan()函数后，窗口显示"1:"，在"1:"后输入各数据：2　5　7　10　8　15。数据之间用空格间隔，输入结束后，按两次 Enter 键。

5. 使用循环、分支建立与 xx 等长的向量 yy

```
> yy <- numeric(length(xx))          # 创建一个与xx等长的向量，其值均为0
>  for(i in 1:length(xx)){           # 使用循环
+    if(xx[i]%%2==0)                  # 使用分支，其中+为续行
+        yy[i]<-1
+    else
+        yy[i]<-0
+  }
> yy                                 # 显示yy得到：[1] 1 0 0 1 1 0
```

其中，length(xx)获得向量 xx 的元素个数。

6. 使用 matrix()函数生成矩阵

```
>B<-matrix(1:8,2,4)                  # 生成2×4矩阵，如图5.5所示
```

matrix()函数按给定的值集创建矩阵。如果要创建以行优先的矩阵，可以使用：
```
matrix(1:8,2,4,TRUE)
>C<-matrix(2,4,2)                    # 生成4×2矩阵，元素值全为2，如图5.6所示
```

```
        [,1] [,2] [,3] [,4]                      [,1] [,2]
[1,]     1    3    5    7               [1,]      2    2
[2,]     2    4    6    8               [2,]      2    2
                                       [3,]      2    2
                                       [4,]      2    2
```

图 5.5　产生 2×4 矩阵 B　　　　　　　　图 5.6　产生 4×2 矩阵 C

7. 求线性方程组的解

```
> A<-matrix(c(7,3,-5,2,12,-5,0,7,0,2,7,-1,1,4,-7,-4),4,4,TRUE)   # 系数矩阵，行优先
> b<-c(19,-20,16,10)                                             # 常数项向量
> solve(A,b)                                                     # 使用函数求方程解
```

这时显示方程解如下：
```
[1] -0.5105834   6.8358286   0.7470315   2.9008776
```

【题目 3】简单数据统计

假定某人每月 1 日要称体重，得到一年 12 个数据：58，57，57.5，59，58.5，58，57.8，56，56，57，57，57.2。将该批数据建成一个无规律的向量 t。计算这批数据的最大值、最小值、平均值，获得最大值所在下标。计算该批数据的中位数、标准差、方差。

1. 建立无规律向量 t

```
> t <- c(58, 57, 57.5, 59, 58.5, 58, 57.8, 56, 56, 57, 57, 57.2)   # 创建向量t
```

2. 求最大值、最小值、平均值，求最大值所在下标

```
> max(t)              # 显示最大值：[1] 59
> min(t)              # 显示最小值：[1] 56
> mean(t)             # 显示平均值：[1] 57.41667
> which.max(t)        # 显示最大值所在下标：[1] 4
```

3. 求中位数、标准差、方差

```
> median(t)          # 显示中位数: [1] 57.35
> sd(t)              # 显示标准差: [1] 0.9093787
> var(t)             # 显示方差: [1] 0.8269697
```

【题目 4】数据框处理

建立一个文本文件，各项之间用 Tab 间隔，内含某考试情况的 50 行数据，如表 5.1 所示。

表 5.1　数据框用例数据

总分	判断	单选	填空	程序阅读	程序填空	总分	判断	单选	填空	程序阅读	程序填空
53	7	10	6	8	22	86	10	14	16	16	30
61	7	12	10	12	20	71	7	18	12	20	14
38	4	6	2	8	18	90	8	16	16	20	30
66	8	12	18	8	20	63	9	10	10	12	22
NA	NA	NA	NA	NA	NA	92	6	20	20	20	26
83	9	12	18	16	28	77	7	14	8	20	28
54	6	10	2	8	28	87	9	14	14	20	30
59	5	14	10	12	18	77	9	14	14	16	24
95	9	20	16	20	30	86	8	20	14	20	24
85	9	16	16	16	28	81	7	12	16	16	30
77	9	14	8	16	30	93	7	18	20	20	28
83	7	16	14	16	30	100	10	20	20	20	30
87	5	18	18	20	26	68	10	10	10	16	22
86	8	18	16	16	28	71	9	10	12	12	28
82	8	10	16	20	28	73	5	16	12	12	28
59	9	14	4	8	24	95	9	16	20	20	30
74	6	14	14	20	20	79	9	16	14	12	28
73	7	14	12	12	28	83	7	14	16	20	26
81	5	18	16	12	30	72	8	16	8	16	24
76	8	12	14	20	22	66	6	6	14	16	24
83	9	14	14	20	28	88	6	18	16	20	28
62	6	16	10	8	22	89	9	10	20	20	30
99	9	20	20	20	30	79	9	14	12	16	28
NA	NA	NA	NA	NA	NA	57	5	12	14	NA	22
84	8	14	12	20	30	88	8	16	16	20	28

由它们建立数据框 cc，并进行以下操作：

统计各列的最小值、第一四分位数、中位数、平均值、第三四分位数、最大值、NA 的个数。列出所有有缺失的行（含 NA 的行，可能是因为缺考或误操作造成）；统计在"程序阅读"中缺失的数据量。取出 cc 中无数据缺失的行，形成新的数据框 newc，并显示 newc。对 newc 关于总分排序，构成数据框 c_sort。对 newc 中的数据，按簇数为 5 进行聚类，给出各行分别属于哪一簇。

1. 创建原始数据文件，并读入文件

要形成一个数据框，可以使用文件导入。首先在 Excel 中输入表 5.1 所示的数据，包括一个

标题行，然后将它们另存为以制表符间隔的文本文件，取名为 data.txt 并保存（也可直接输入到文本文件中，数据之间用 Tab 键作间隔），或者将它们在 Excel 中另存为 data.csv。

在 R 中读入 data.txt，使用命令：

```
> cc <- read.table(file="D:\\data.txt",header=TRUE)          # 文件夹之间的分隔符为\\或/
```

如果读入的是 csv 格式文件，可用命令：

```
cc <- read.csv("D:/data.csv")
```

然后使用 cc←⏎，就可以看到数据框 cc 中的数据。

2. 统计最大值、最小值、平均值和四分位数

```
>summary(cc)                                      # 统计，窗口中列出如图 5.7 所示的数据
```

```
       总分             判断              单选              填空           程序阅读           程序填空
Min.   : 38.00   Min.   : 4.000   Min.   : 6.00   Min.   : 2.0   Min.   : 8.00   Min.   :14.00
1st Qu.: 70.25   1st Qu.: 6.750   1st Qu.:12.00   1st Qu.:11.5   1st Qu.:12.00   1st Qu.:23.50
Median : 80.00   Median : 8.000   Median :14.00   Median :14.0   Median :16.00   Median :28.00
Mean   : 77.31   Mean   : 7.604   Mean   :14.33   Mean   :13.5   Mean   :16.09   Mean   :26.04
3rd Qu.: 86.25   3rd Qu.: 9.000   3rd Qu.:16.00   3rd Qu.:16.0   3rd Qu.:20.00   3rd Qu.:30.00
Max.   :100.00   Max.   :10.000   Max.   :20.00   Max.   :20.0   Max.   :20.00   Max.   :30.00
NA's   :2        NA's   :2        NA's   :2        NA's   :2      NA's   :3       NA's   :2
```

图 5.7　summary()函数的显示结果

其中，Min.、1st Qu.、Median、Mean、3rd Qu.、Max.、NA's 分别表示了各项（列）最小值、第一四分位数、中位数、平均值、第三四分位数、最大值和 NA 的个数。

3. 列出有缺失的行，统计缺失量

```
> cc[!complete.cases(cc),]                        # 列出有缺失的行
```

显示结果如图 5.8 所示。行首数字表示在原数据框中的行号。

```
> sum(is.na(cc $ 程序阅读))
```

上面命令显示"程序阅读"列有几个缺失数据，

显示为：

```
[1] 3
```

	总分	判断	单选	填空	程序阅读	程序填空
5	NA	NA	NA	NA	NA	NA
24	NA	NA	NA	NA	NA	NA
49	57	5	12	14	NA	22

图 5.8　数据框中所有有缺失的行

"cc $ 程序阅读"表示 cc 数据框中的"程序阅读"列。sum()函数用来求和，"is.na(cc $ 程序阅读)"得到"程序阅读"列与 NA 比较的结果向量，即 50 个含 TRUE、FALSE 的向量。TRUE 实际取值为 1，FALSE 取值为 0。

4. 忽略缺失行，形成新数据框 newc

```
> newc <-na.omit(cc)                              # 忽略有缺失值 NA 的行，形成新数据框 newc
> newc                                            # 显示 newc
```

这时，可以看到 newc 中已不再存在含 NA 的行，但原行号不变，总行数减少了 3。

5. 关于某列排序

```
>c_sort <- newc [order(newc $总分),]              # 关于总分升序排序
```

order()函数用来排序，如果按总分降序排列，则使用：

```
c_sort <- newc [order(newc $总分,decreasing = TRUE),]
>c_sort                                           # 查看排序后的数据框
```

6. 聚类

```
>result<-kmeans(newc,5)                           # kmeans()计算 k-均值聚类的函数
> result                                          # 显示聚类结果
```

显示的结果中包含了 k-均值聚类 5 个簇的大小、输出簇均值、列出了 47 个（已除去序号为 5、24、49 的 3 个含 NA 数据行）数据行分别在哪个簇中（用向量值 1、2、3、4、5 表示）等，部分显示如图 5.9 所示。

```
K-means clustering with 5 clusters of sizes 8, 6, 11, 12, 10

Cluster means:
      总分       判断        单选       填空   程序阅读  程序填空
1 56.12500 6.625000 11.50000  6.75000  9.50000    21.75
2 95.66667 8.333333 19.00000 19.33333 20.00000    29.00
3 86.81818 7.909091 15.81818 16.18182 18.90909    28.00
4 80.50000 8.000000 14.00000 13.33333 16.66667    28.50
5 71.00000 7.400000 12.80000 12.60000 15.20000    23.00

Clustering vector:
 1  2  3  4  5  6  7  8  9 10 11 12 13 14 15 16 17 18 19 20 21 22 23 25 26 27
 1  1  1  4  1  4  1  2  3  4  4  3  4  3  1  5  5  4  5  2  4  1  2  4  3  5
28 29 30 31 32 33 34 35 36 37 38 39 40 41 42 43 44 45 46 47 48 50
 3  1  2  4  3  4  3  4  2  2  5  5  5  2  4  3  5  5  3  3  4  3
```

图 5.9　聚类

需要说明的是，多次运行得到的结果可能会有差异，因为初始的簇中心是随机选择的。

如果聚类只考虑"总分"项，则可以使用如下命令：

```
> result<-kmeans(newc[,1],5)
```

【题目 5】创建图表

将题目 4 中的 c_sort 数据框添加到 R 的搜索路径，对 c_sort，生成变量之间成对数据的散点图。生成关于总分和填空得分关系散点图，对总分和填空的关系进行线性回归，并在散点图上分别增加拟合实线和曲线。生成判断题得分情况（满分：10）的直方图。生成填空题得分情况（满分：20）的饼图。

1. 设置搜索路径

若未设置搜索路径，则 c_sort 中的"总分"等名称要用"c_sort ${\$}$ 总分"表示，在设置了搜索路径后，就可以直接使用"总分"。所以设置搜索路径可以方便操作。操作如下：

```
>attach(c_sort)                           # 将该数据框添加到 R 的搜索路径
```

取消搜索路径可用 detach() 函数，如 detach(c_sort)，再直接用"总分"就会出错。

2. 生成变量之间成对数据的散点图矩阵

```
>pairs(c_sort,panel=panel.smooth)         # 产生一个含光滑曲线的矩阵散点图
```

pairs() 函数可用于对数据框各列之间的关系作二元图，如图 5.10 所示。如果仅显示散点图，可使用"panel=points"。

3. 生成散点图，线性回归，并添加拟合线

由图 5.10 可以看出，总分与填空之间的关系有最为明显的线性关系。可以对它进行线性回归并添加拟合线。

```
> plot (填空,总分, xlab="填空",ylab="总分")    # 生成关于总分和填空得分关系散点图
>result <-lm(总分~填空)                      # 使用 lm() 函数作线性回归分析
> result                                    # 显示 result
```

显示结果如下：

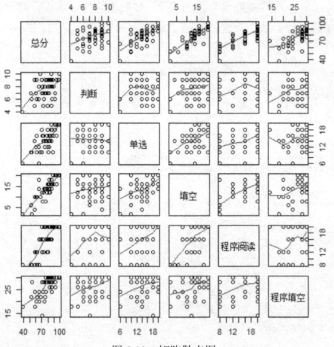

图 5.10　矩阵散点图

Call:
lm(formula = 总分 ~ 填空)

Coefficients:
(Intercept)　　　　　填空
　　45.358　　　　　2.401

从显示结果来看，对应的线性回归公式为：总分=2.401*填空+45.358。

以 result 中的截距和斜率画拟合直线，命令如下：

```
> abline(result,col="red",lwd=2,lty=1)          # 在散点图上增加红色拟合直线（实线）
> lines(lowess(填空,总分),col="blue",lwd=2,lty=2)  # 在散点图上添加蓝色曲线（虚线）
```

其中，abline()函数根据截距和斜率画直线，lines()用于添加线条，lowess()函数用于平滑处理，lwd 表示线宽，lty 表示线型。显示效果如图 5.11 所示。

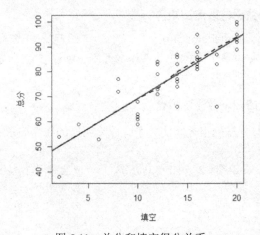

图 5.11　总分和填空得分关系

4. 生成直方图和饼图

```
> hist(判断)          # 判断题的得分直方图
> pie(table(填空))    # 填空题得分情况的饼图
```

其中，table(填空)可得到各分数的个数（人数）。

创建的直方图和饼图分别如图 5.12 和图 5.13 所示。

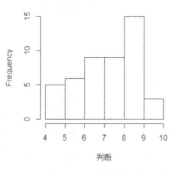

图 5.12　直方图

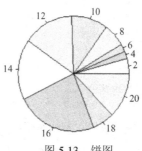

图 5.13　饼图

【题目6】时间序列

分别按月、季度、年生成起始日期是 2017 年 6 月的含 25 个数据的时间序列。假定某户居民家中的用电量情况如表 5.2 所示，对其建立时间序列并作大致分析。

表 5.2　时间序列用例数据

year	Jan	Feb	Mar	Apr	May	Jun	Jul	Aug	Sep	Oct	Nov	Dec
2011	200	290	311	193	118	140	194	497	390	215	139	152
2012	197	306	329	180	145	151	200	514	468	207	156	132
2013	183	379	308	150	129	147	197	615	508	214	142	129
2014	167	168	251	126	126	148	163	509	231	135	125	126
2015	288	328	236	219	162	154	202	310	238	169	154	170
2016	380	430	361	196	151	147	208	475	410	221	178	130

1. 按月生成时间序列

```
> t1<-ts(1:25,frequency=12,start=c(2017,6))    # 一年为 12 个月，起始年月是 2017 年 6 月
> t1                                            # 显示 t1
```

25 个数据的起始时间是 2017 年 6 月，最终 25 所在时间是 2019 年 6 月，显示结果如下：

```
     Jan Feb Mar Apr May Jun Jul Aug Sep Oct Nov Dec
2017                      1   2   3   4   5   6   7
2018  8   9  10  11  12  13  14  15  16  17  18  19
2019 20  21  22  23  24  25
```

2. 按季度生成时间序列

```
> t2<-ts(1:25,frequency=4,start=c(2017,2))    # 一年 4 个季度，6 月属于第 2 季度
> t2                                           # 显示 t2
```

25 个数据，正好到 2023 年的第 2 个季度，显示结果如下：

```
     Qtr1  Qtr2  Qtr3  Qtr4
2017        1     2     3
2018  4     5     6     7
```

2019	8	9	10	11
2020	12	13	14	15
2021	16	17	18	19
2022	20	21	22	23
2023	24	25		

3. 按年生成时间序列

```
> t3<-ts(1:25,frequency=1,start=2017)    # 从 2017 年（含）开始的 25 年，结束为 2041 年
> t3                                      # 显示 t3
```

显示结果如下：

```
Time Series:
Start = 2017
End = 2041
Frequency = 1
 [1]  1  2  3  4  5  6  7  8  9 10 11 12 13 14 15 16 17 18 19 20 21 22 23 24 25
```

4. 以用电量作实例的时间序列

首先将表 5.2 所示除首行、首列外的数据（6×12 个用电量数据）输入到 Excel 各相邻单元格中，并另存为制表符分隔的文本文件"电费.txt"。

```
> elec <- scan("D:/电费.txt")                     # 读入文本内容到 elec 对象
```

scan() 函数用于从控制台或文件中读取数据到向量或列表中，这里是文本文件中读入至向量 elec。

```
> elec                                            # 显示 elec
```

elec 向量中数据显示如下：

```
 [1] 200 290 311 193 118 140 194 497 390 215 139 152 197 306 329 180 145 151
[19] 200 514 468 207 156 132 183 379 308 150 129 147 197 615 508 214 142 129
[37] 167 168 251 126 126 148 163 509 231 135 125 126 288 328 236 219 162 154
[55] 202 310 238 169 154 170 380 430 361 196 151 147 208 475 410 221 178 130
> elects<-ts(elec,start=c(2011,1),frequency=12) # 产生从 2011 年 1 月起的时间序列
> elects                                         # 显示 elects
```

elects 显示如下：

```
     Jan Feb Mar Apr May Jun Jul Aug Sep Oct Nov Dec
2011 200 290 311 193 118 140 194 497 390 215 139 152
2012 197 306 329 180 145 151 200 514 468 207 156 132
2013 183 379 308 150 129 147 197 615 508 214 142 129
2014 167 168 251 126 126 148 163 509 231 135 125 126
2015 288 328 236 219 162 154 202 310 238 169 154 170
2016 380 430 361 196 151 147 208 475 410 221 178 130
>decom<-decompose(elects) #将 elects 数据分解成不同成分：seasonal、trend 和 figure 等
> plot(decom $figure,type="b",xaxt="n",xlab="")        # 根据 decom 中的 figure 数据绘图
    # type="b",xaxt="n",xlab=""分别表示使用点线绘图、禁用 x 轴的刻度线、设置 x 轴标题为空
> month<-months(ISOdate(2017,1:12,1))             # 获得月份名称
```

其中，ISOdate(2017,1:12,1) 将获得 2017 年 1 月 1 日到 2017 年 12 月 1 日的 12 个不同月份（均为 1 日）的日期时间数据，使用 months() 再取出对应的月份名称。

```
> axis(1,at=1:12,labels=month,las=3)            # 将月份名称添加到图表中，如图 5.14 所示
```

axis() 函数用于向当前绘图添加一个轴，参数 1 表示轴的位置在下面，使用 12 个刻度点，用月份名称作为标签，并指明了刻度的显示形式。

由图 5.14 可见，过年时节和夏天常常会开空调，用电量较大。

```
> plot(decom)                    # 根据分解的数据显示图表，如图 5.15 所示
```

图 5.15 其实由 4 个图表组成，从上到下分别是原始时间序列数据，趋势，季节性因素和其他成分。

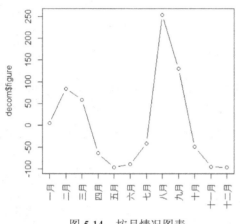

图 5.14　按月情况图表

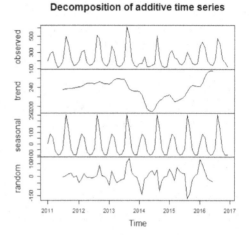

图 5.15　时间序列分解图表

五、操作题

1．启动 R，在 R 中完成以下操作。

（1）根据一元二次方程 $ax^2+bx+c=0$ 的求根公式 $\dfrac{-b\pm\sqrt{b^2-4ac}}{2a}$，求方程 $x^2+x+4=0$ 的两个根。

（2）建立向量 x_1，第一个数为 1，最后一个数不超过 50，间隔为 4。

（3）建立向量 x_2，x_2 中每个元素值为 x_1 对应元素加 1。

（4）建立与 x_1 等长的向量 x_3，x_3 中的每个元素是 x_1 中对应元素的个位数。

（5）建立向量 x_4，x_4 中的元素是 x_1 与 x_3 对应元素之差。

（6）以 x_4 为对角线，建立对角矩阵。

（7）按月生成起始日期是 2017 年 9 月的包含 30 个数据的时间序列。

2．假定某人利用智能手环在某天 6 小时内测得心率为：72，75，70，69，73，70，69，71，67，60，60，63。将这批数据构成向量 T，求其最大值、最小值、平均值、中位数、标准差和方差。

3．使用命令 install.packages("VIM")，弹出如图 5.16 所示的 HTTP CRAN mirror 窗口。在窗口中选择一个中国的下载位置，可

图 5.16　HTTP CRAN mirror

下载并在 R 环境中安装 VIM 包。使用 data(sleep, package="VIM")载入 VIM 包中的数据集 sleep，然后进行以下操作：

（1）查看 sleep 中的数据。

（2）统计各列的最小值、第一四分位数、中位数、平均值、第三四分位数、最大值、NA 的个数。

（3）取出 sleep 中无数据缺失的行，形成新的数据框 sleep1，再显示 sleep1。

（4）对 sleep1 按 BodyWgt 升序排序，形成 sleep2，查看 sleep2；对 sleep1 按 BrainWgt 降序排序，形成 sleep3，查看 sleep3。

4．利用题 3 中的 sleep2，使用命令
        sleep4<-sleep2[1:16,]
将 sleep2 的前 16 行形成数据框 sleep4。然后进行如下操作：

（1）将 sleep4 添加到 R 的搜索路径。

（2）生成关于 BodyWgt 和 BrainWgt 的关系散点图，并添加绿色拟合直线和红色曲线。

（3）生成一个关于 Dream 的直方图。

六、实验报告

1．写出完成操作题的详细命令。

2．附上经过各项操作的显示截图，以电子文档提交。

实验二　Scilab 基本操作

一、实验目的

掌握科学计算软件 Scilab 的部分功能，实现数据处理。

二、实验任务与要求

1．掌握 Scilab 软件的功能、启动和退出的方法。

2．掌握数据计算的方法。

3．掌握处理向量、矩阵的方法。

4．掌握方程组求解的方法。

5．理解二维绘图。

6．了解三维绘图。

三、知识要点

图 5.17　Scilab 窗口

1．启动 Scilab

启动 Scilab，出现 Scilab 窗口，窗口中有一个控制台窗格，如图 5.17 所示。用户可以在该窗格中输入命令，Scilab 会立即执行。

控制台窗格中的命令提示符为"-->"，即在"-->"后输入命令。下面具体操作中，列出的每个命令前都会有"-->"，这是系统自动出现的，不用再输入。

Scilab 对大小写敏感，A 和 a 代表不同的变量，所以输入命令时，不要随意改变字母大小写。

Scilab 对已输入过的命令有记忆，再次使用，可以用上箭头↑或下箭头↓找出，或找出后进行编辑。

2．Scilab 的注释

注释使用"//文字"。注释部分，不论用户是否录入，都没有什么影响，注释并不执行。

3．Scilab 中的赋值与显示

输入"a=5*5←⤶"（←⤶表示按 Enter 键）后，Scilab 会立即执行，表示将计算出的结果 25 送到变量 a，并同时将结果 25 显示在控制台窗格内。显示格式为"a="和结果"25"。如果没有把表达式的值放入变量，即仅为"5*5←⤶"，则显示格式为"ans ="和运算结果"25"。

输入"a=5*5;←⤶"后（多了分号），表示仅将计算结果 25 送到变量 a，但不显示计算结果。

4．向量和矩阵的表示

行向量的表示方法为：[1 2 3 4 5]，使用空格作间隔。列向量的表示方法为：[1;2;3;4;5]，使用";"作间隔。矩阵的表示为：[1 2 3;4 5 6]，这是一个 2×3 的矩阵。即每行的 3 个元素用空格间隔，行与行之间用";"间隔。

5．矩阵运算

常见的矩阵运算有矩阵加法、减法、乘法、转置等。设有两个同阶方阵 A 和 B，其元素分别表示为 a_{ij}、b_{ij}，则：

❖ 矩阵加法 $C=A+B$，实现 $c_{ij}=a_{ij}+b_{ij}$。

❖ 矩阵减法 $D=A-B$，实现 $d_{ij}=a_{ij}-b_{ij}$。

❖ 转置 $E=A'$，实现 $e_{ij}=a_{ji}$。

❖ 矩阵乘法 $F=A×B$，实现 $f_{ij}=\sum_k a_{ik}×b_{kj}$。

❖ 左除 $G=A/B$，实现 $G=AB^{-1}$，B^{-1} 表示 B 的逆矩阵。$B×B^{-1}$ 得到对角线全 1 的单位矩阵。

❖ 右除 $H=A\backslash B$，实现 $H=A^{-1}B$。

❖ 幂 $I=A^3$，实现 $I=A×A×A$。

❖ 逐元相乘 $K=A.×B$，实现 $k_{ij}=a_{ij}×b_{ij}$。

❖ 逐元相除 $M=A./B$，实现 $m_{ij}=a_{ij}/b_{ij}$。

❖ 逐元取幂 $N=A.^B$，实现 $n_{ij}=a_{ij}\wedge b_{ij}$。

6．部分常数

%pi 为圆周率，可以得到 3.1415927。

%nan 表示非数字。

%e 得到自然对数的底 2.7182818。

%inf 返回正无穷大，-%inf 则表示负无穷大。

%f 或%F 表示逻辑值 false，%t 或%T 表示逻辑值 true。

7．Scilab 帮助

使用 Scilab 窗口菜单栏中的"?"，可以获得帮助，如图 5.18 所示。选择"Scilab 帮助"或 F1 功能键可以打开"帮助浏览器"窗口，可以

图 5.18　Scilab 帮助

按内容获得帮助，也可以按关键字获得帮助。用户也可以选择 Scilab 示例，查看系统提供的示例。

四、实验步骤与操作指导

【题目 7】数据的运算

计算表达式 $3^8+4\times5$。计算表达式 $-\dfrac{5}{2}+\sqrt{5^2-4\times7}$ 的值并送变量 a，分别获得其实部和虚数；

计算 1234 除以 12 后的整数部分，送变量 b 并显示 b；计算 1234 除以 12 后的余数。

启动 Scilab 后，输入以下命令（-->为提示符，不输入，// 后的为注释，注释可以不输入）：

```
--> 3^8+4*5              // 计算 3⁸+4×5，立即显示 ans 的值为 6581.
-->a=-5/2+sqrt(5*5-4*7)  // sqrt()为平方根函数，立即显示 a 的值为-2.5 + 1.7320508i
--> real(a)              // real()函数用于求复数实部，显示 ans 值为-2.5
--> imag(a)              // imag()函数用于求复数虚部，显示 ans 值为 1.7320508
-->b=floor(1234/12);     // floor(x)为小于 x 的最大整数，末尾加分号不显示
--> b                    // 显示 b 为 102.
-->modulo(1234,12)       // 其中 modulo(x,y)是求余数函数，显示 ans 为 10
```

【题目 8】向量、矩阵操作

创建行向量 X，取值为[5 8 0 2]；计算向量 $Y=2X+1$，并对向量 Y 进行排序；产生下列对角矩阵 A；产生单位矩阵 B；产生下列全 1 的矩阵 C；产生下列矩阵 D；计算矩阵 $A+D$、$A\times D$ 和 A 与 D 对应元素相乘；求 D 的行列式值。获得 D 矩阵元素的最大值；求 D 每行最大值，得到一个列向量；求 D 每列和，得到一个行向量；求 D 的逆矩阵 D_1；提取 D 的上三角元素，构成上三角矩阵 D_2；产生以下 E 矩阵，求 E 的转置 E'。

$$A=\begin{bmatrix}1&0&0\\0&5&0\\0&0&2\end{bmatrix}\quad B=\begin{bmatrix}1&0&0\\0&1&0\\0&0&1\end{bmatrix}\quad C=\begin{bmatrix}1&1&1&1\\1&1&1&1\\1&1&1&1\end{bmatrix}$$

$$D=\begin{bmatrix}1&3&3\\9&5&7\\0&1&1\end{bmatrix}\quad E=\begin{bmatrix}1&5&9\\2&6&10\\3&7&11\\4&8&12\end{bmatrix}$$

操作过程分别如下。

1. 创建向量、向量计算、向量排序

```
--> X=[5 8 0 2];    // 将向量送入 X，但不显示（因为后面有一个分号）
--> Y=2*X+1         // 计算向量送入 Y，并显示图 5.19(a)
--> gsort(Y)        // 对 Y 排序，gsort()是排序函数，并显示图 5.19(b)
```

					A =				B =		
Y =				ans =				1.	0.	0.		1.	0.	0.
								0.	5.	0.		0.	1.	0.
11.	17.	1.	5.	17.	11.	5.	1.	0.	0.	2.		0.	0.	1.
(a)				(b)				(c)				(d)

图 5.19 显示的向量与矩阵 A、B

126

对所有元素升序排序可用：

```
        gsort(Y,'g','i')                    // 'g'表示所有元素，'i'表示升序
```

2. 创建对角矩阵、单位矩阵、全 1 矩阵、其他矩阵

```
    --> A=diag([1 5 2])                 // diag()函数可产生对角矩阵，并图 5.19(c)
    --> B=eye(3,3)                      // eye()为产生单位矩阵的函数，并图 5.19(d)
    --> C=ones(3,4)                     // 产生 3 行 4 列全 1 矩阵，并图 5.20(a)
    -->D=[1 3 3;9 5 7;0 1 1]            // 产生 D 矩阵，并显示图 5.20(b)
```

3. 矩阵运算

```
    --> AD1=A+D                         // 矩阵加法，并显示图 5.20(c)
    --> AD2=A*D                         // 矩阵乘法，并显示图 5.20(d)
    --> AD3=A.*D                        // 逐元相乘，并显示图 5.21(a)
```

```
C  =                    D  =                    AD1  =                  AD2  =

  1.   1.   1.   1.        1.   3.   3.            2.   3.   3.            1.   3.   3.
  1.   1.   1.   1.        9.   5.   7.            9.  10.   7.           45.  25.  35.
  1.   1.   1.   1.        0.   1.   1.            0.   1.   3.            0.   2.   2.
       (a)                     (b)                     (c)                     (d)
```

图 5.20　显示的矩阵 C、D、AD_1、AD_2

```
AD3  =             ans  =       D1  =                  D2  =                  E1  =

  1.   0.   0.        3.          1.   0.  -3.            1.   3.   3.            1.   2.   3.   4.
  0.  25.   0.        9.          4.5 -0.5 -10.           0.   5.   7.            5.   6.   7.   8.
  0.   0.   2.        1.         -4.5  0.5  11.           0.   0.   1.            9.  10.  11.  12.
     (a)            (b)              (c)                     (d)                     (e)
```

图 5.21　显示的矩阵 AD_3、列向量、D_1、D_2、E'

4. 求行列式值、元素最大值、元素和

```
    --> det(D)                          // det()为计算行列式函数，显示 ans 值为：-2
    --> max(D)                          // 求矩阵元素最大值，显示 ans 的值为：9.
    --> max(D,'c')                      // 求 D 每行最大值，得到一个列向量，并显示图 5.21(b)
```

参数中使用'c'得到列向量，使用'r'得到行向量。'r'和'c'也适合求和 sum()函数和求平均值 mean()
函数。

```
    --> sum(D,'r')                      // 求 D 每列和,得到行向量,显示 ans 值为: 10. 9. 11.
```

5. 矩阵求逆、矩阵转置、提取上三角矩阵

D 的逆矩阵可以通过单位矩阵的左除或右除来进行，也可以使用函数进行操作。

```
    -->D1=eye(3,3)/D                    // 使用左除，得到 D 的逆矩阵 D1，并显示图 5.21(c)
```

若使用右除方法，则命令为 D1=D\eye(3,3)；也可使用 inv()函数，则为 D1=inv(D)。

```
    --> D2=triu(D)                      // triu()、tril()分别用于提取上、下三角元素,显示图 5.21(d)
    -->E=matrix(1:12,4,3)   // 或者 E=[1 5 9;2 6 10;3 7 11;4 8 12]，1:12 表示向量[1 2 3...12]
    -->E1=E'                            // 转置，并显示图 5.21(e)
```

【题目 9】 求线性方程组的解

求下列方程组的解。

$$\begin{cases} 7x+3y-5z+2u=19 \\ 12x-5y+7u=-20 \\ 2y+7z-u=16 \\ x+4y-7z-4u=10 \end{cases}$$

事实上，该方程组可以表示为：**AX=b**，其中 **A** 为系数矩阵，**X** 是未知量向量，**b** 为常数项向量，即：

$$A=\begin{bmatrix} 7 & 3 & -5 & 2 \\ 12 & -5 & 0 & 7 \\ 0 & 2 & 7 & -1 \\ 1 & 4 & -7 & -4 \end{bmatrix} \qquad X=\begin{bmatrix} x \\ y \\ z \\ u \end{bmatrix} \qquad b=\begin{bmatrix} 19 \\ -20 \\ 16 \\ 10 \end{bmatrix}$$

所以，**X** 可以表示成 $A^{-1}b$。而根据知识要点，右除 $A \backslash b$ 与 $A^{-1}b$ 等价，所以方程解应该是 $A \backslash b$（也可以使用求逆矩阵的函数）。

所以，操作过程为：

```
--> A=[7 3 -5 2;12 -5 0 7;0 2 7 -1;1 4 -7 -4]    // 系数矩阵
--> b=[19 -20 16 10]'                            // 常数项向量，行向量转置。
```

常数项向量也可以写成 b=[19;-20;16;10]，则

```
--> X= A\b                                       // 方程解向量送X
```

显示的 X 值（即 x、y、z、u）如图 5.22 所示。

事实上，Scilab 也提供了求线性方程组解的函数，可以使用下列命令：

```
-->X=linsolve(A, b)
```

```
X  =

  -0.5105834
   6.8358286
   0.7470315
   2.9008776
```

图 5.22 方程的解

【题目 10】二维图形绘制

绘制正弦 $\sin x$、余弦 $\cos x$ 的图形；绘制 $y=x^2$ 的抛物线图形；产生一个随机的散点图，并给图形加注标题；用极坐标画个半径为 5 的圆。

1. 绘制正弦、余弦曲线

```
--> x=[0:0.5:360]*%pi/180;        // 设定 x 轴方向的起点、步长和终点，%pi 为圆周率
```

得到 **x** 向量，初值为 0，步长为 $0.5\pi/180 \approx 0.0087266$，终值为 $360\pi/180=2\pi \approx 6.2831853$，共 700 多个值，即

```
    0.  0.0087266  0.0174533  0.0261799  0.0349066  0.0436332 … 6.2831853
-->plot(x,sin(x),x,cos(x))        // 在同一坐标图上分别绘制正弦和余弦曲线
```

plot() 是一个基本函数，plot(x, y) 绘制矢量 **y** 对矢量 **x** 的关系图。

这时，图像窗口中显示了如图 5.23 所示的图形，选择图像窗口"文件"菜单的"导出到"命令，将图形保存为图像文件。也可以利用图像窗口"文件"菜单的"复制到剪贴板"等命令，便于在其他文档中粘贴该图形。

2. 绘制抛物线

```
--> x=[-10:1:10];                 // 设定 x 轴方向的起点、步长和终点。不显示 x 向量
-->plot(x,x.^2)                   // 绘制出 y=x² 的抛物线，如图 5.24 所示
```

3. 绘制散点图

```
--> x=[0:1/50:2]                  // 产生 x 向量，初值为 0，终值不超过 2，间隔为 1/50（0.02）
--> y = rand(x)                   // 产生 y 向量，其值随机产生，个数与 x 相同
```

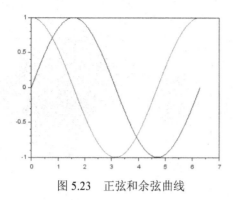

図5.23　正弦和余弦曲线　　　　　　　　　図5.24　抛物线

rand()为随机函数，得到一个 0～1 之间的随机数。

```
--> scatter(x,y)                // 利用 x、y 绘制散点图
--> xtitle('散点图','x','y');     // 加注标题为"散点图"，并指明 x 轴和 y 轴，如图 5.25 所示
```

4．绘制圆

```
--> t=[0:0.5:360]*%pi/180;       // 设定角度的起点、步长和终点
--> r=5;                         // 半径为 5
--> polarplot(t,r)               // polarplot()函数用极坐标画图，显示如图 5.26 所示
```

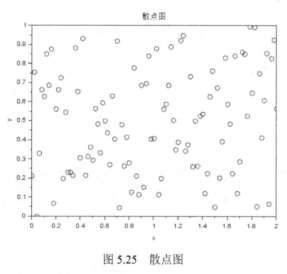

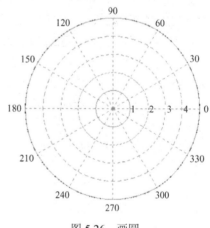

图5.25　散点图　　　　　　　　　　　　図5.26　画圆

【题目 11】三维图形绘制

绘制图 5.27 所示的三维图形。

```
-->t=[0:0.3:2*%pi]';            // 产生列向量t，首项为 0，步长为 0.3，终值不超过 2π
```

其中，t 的值为 0.　0.3　0.6　0.9　1.2　1.5 … 5.4　5.7　6.，共 21 项。

```
-->z=sin(t)*cos(t');            // 产生 21×21 的矩阵
-->surf(z)                      // 以数据 z 绘制一个凹凸有致的三维曲面图，如图 5.27(a)所示
--> deff('z=f(x,y)','z=x^4-y^4')  // 定义函数
--> x=-3:0.2:3                  // 定义 x 向量
-->y=x                          // 定义 y 向量与 x 向量相同
--> clf()                       // 清除图像窗口中的图像
-->fplot3d(x,y,f,alpha=5,theta=31)  // 绘制由函数定义的曲面
```

fplot3d()函数中的 alpha 和 theta 为观测点角度。显示的结果如图 5.27(b)所示。

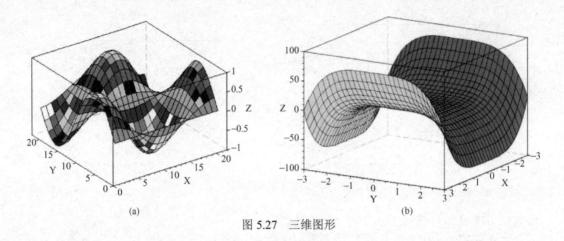

图 5.27 三维图形

五、操作题

1. 启动 Scilab，在 Scilab 中完成以下操作。

（1）根据一元二次方程 $ax^2 + bx + c = 0$ 的求根公式 $\dfrac{-b \pm \sqrt{b^2 - 4ac}}{2a}$，求方程 $x^2 + x + 4 = 0$ 的两个根。

（2）建立一个行向量 x_1，第一个数为 1，最后一个数不超过 50，间隔为 4。

（3）建立行向量 x_2，x_2 中每个元素值为 x_1 对应元素加 1。

（4）建立行向量 x_3，x_3 是 x_1 和 x_2 对应元素的乘积。

（5）已知向量 X=[-5 3 0 7 2]，Y=[9 6 3 9 -4]，计算向量 Z=2X+Y 并输出，求 Z 的最大值并输出，对向量 Z 进行升序排序并输出。

（6）以 x_3 为对角线，建立对角矩阵。

2. 矩阵操作。

（1）创建下列矩阵 A。 （2）求 A 的转置。 （3）求 A 的行列式值。 （4）求 A 的逆矩阵。

$$A = \begin{bmatrix} 4 & 1 & 3 & 5 \\ 5 & 3 & 5 & -1 \\ 0 & 2 & 7 & 3 \\ 2 & -2 & 4 & 9 \end{bmatrix}$$

3. 求下列线性方程的解并输出。

$$\begin{cases} x + 5y - 3z = 2 \\ 3x + y + 2z = 1 \\ y + 5z = -42 \end{cases}$$

4. （1）绘制一个仅包含正弦曲线的图形。 （2）绘制一个对数函数的曲线，对数函数为 $\log(x)$。

5. 对题目 10 中的第 2 个曲面绘制方法，进行如下操作：

（1）试着分别对 alpha 和 theta 加 20，观察图形效果。

（2）将函数定义为 z=x^2+y^2，alpha=30，theta=50，绘制曲面图形。

六、实验报告

写出完成操作题的详细命令。

第6章 Access 2010 操作

实验一 Access 2010 基本操作

- ✿ 新建一个数据库及其表
- ✿ 表中数据的修改
- ✿ 修改表结构及字段属性
- ✿ 数据的显示与处理
- ✿ 建立主键、索引和关联
- ✿ 高、低版本数据库转换

实验二 Access 2010 高级操作

- ✿ 使用查询设计器建立单表查询
- ✿ 使用 SQL 建立单表查询
- ✿ 使用 SQL 建立多表查询、统计查询
- ✿ 创建用户界面——窗体
- ✿ 制作输出报表

Access 是关系数据库管理系统，可以创建数据库，并对数据库进行操作、管理，可以容易地创建客户—服务器（C/S）应用程序，Access 2010 数据库文件的扩展名为 .accdb。

类似 Word 2010，Access 2010 有"文件"选项卡、"开始"、"创建"、"外部数据"、"数据库工具"功能区，其中的项目略有不同。下面主要说明与 Word 2010 不同的部分操作内容。

① "文件"：包括"新建"、"打开"、"保存"等操作。

② "开始"：包括一些常用的命令，有"视图"、"剪贴板"、"排序和筛选"、"记录"、"查找"、"文本格式"等组。在不同的 Access 对象状态下，有些组的具体命令会有不同。比如，"视图"组在"表"对象状态下可以有"数据表视图"、"数据透视表视图"、"数据透视图视图"、"设计视图"等命令，但在"查询"对象状态下有"SQL 视图"、"设计视图"等命令。

Access 数据库对象可以有"表"、"查询"、"窗体"、"报表"等。

③ "创建"：用来创建"表"、"查询"、"窗体"、"报表"等对象，还可以创建宏。

④ "外部数据"：获取外部数据，即"导入"、"导出"数据。导入的数据可以来自 Excel，也可以将具有一定格式的其他文件如文本文件中的数据导入到 Access 数据库中。

⑤ "数据库工具"：主要包括"关系"、"分析"、"压缩和修复数据库"、"运行宏"等内容。

对不同的对象操作会有不同的工具功能区出现。比如，显示表中内容时出现"表格工具 - 字段"、"表格工具 - 设计"功能区，查询设计时出现"查询工具 - 设计"功能区。

实验一　Access 2010 基本操作

一、实验目的

掌握利用 Access 建立数据库和其中的表的方法，掌握简单的数据处理的操作。

二、实验任务与要求

1．创建数据库。
2．表的建立。
3．表的维护。
4．表间关系的建立和修改。
5．表中数据的查找、替换，记录的排序、筛选。

三、知识要点

1．与数据库系统相关的概念

数据库：存放数据的仓库，以一定的组织方式将相关的数据组织在一起，存放在计算机的外存储器中，可以供应用程序访问。

关系模型：以由行、列构成的二维表格形式，表示数据库中的数据及其联系，对数据没有任何强加的层次和连接，但数据之间存在着"关系"。

表中的行称为记录或元组，表示一个相对独立的个体事物。记录由若干分量构成。

表中的列称为字段或属性，每个字段中的数据都具有相同的类型，每个字段都有字段名。

图 6.1 就是由 9 条记录、6 个字段构成的关系，其中"学号"、"姓名"等为字段名，"金"等为字段值。

学号	姓名	性别	出生年月	成绩	总评
0701011464	金	男	1995/7/4	62	及格
0701012717	李	女	1995/7/9	98	优
0800301353	董	男	1995/7/14	90	优
0800301717	郑	男	1995/7/19	81	良
0801008515	郑	男	1995/7/24	76	中
0803001535	李	男	1995/7/29	53	不及格
1101003252	施	女	1995/8/3	73	中
1101021777	周	女	1995/8/8	76	中
1101024838	黄	女	1995/8/13	87	良

图 6.1　学生情况表

关系数据库、表：关系数据库是若干关系的集合，每个关系称为表。

2．字段的常用类型

文本：存放字母、数字字符等 ASCII 中任何可打印字符，也可以存放汉字。最多允许存放 255 个字符。

备注：存放长度不确定的文本数据，如简历、产品详细说明等。

数字：存放可以进行数值运算的数据。数字的类型分为字节、整型、长整型、单精度型和双精度型等，分别占 1、2、4、4、8 字节。

日期/时间：存放日期、时间或它们的组合数据，又分为“常规日期”、“长日期”、“中日期”、“短日期”、“长时间”、“中时间”和“短时间”。

货币：存放货币类型数据，能自动加入货币符号和千位分隔符。

自动编号：存放递增信息的数据，每增一条记录，其值自动增 1，所以编号一定唯一。用户不能更改其中的数据。当有记录删除时，编号会变得不连续。

是/否：存放只有两种可能的数据，或称为逻辑型数据，可以选用真/假（True/False）、是/否（Yes/No）、开/关（On/Off）。

OLE 对象：可以链接或嵌入由其他应用程序创建的对象，如照片等。

超链接：存放超链接的地址。

附件：附加到数据库记录中的图像、电子表格、文档、图表及其他类型的文件，类似将文件附加到电子邮件中。

计算：获得计算的结果，一般引用同一张表中的其他字段。可以使用表达式生成器创建计算，如该字段可以是另一字段的平方。

3．关联、主键和索引

一个数据库一般由多张表构成，各表之间往往有一定的联系，表间的关系分为一对一关系、一对多关系和多对一关系等。

在建立关系之前，应该为表中的某一字段建立主键或索引。

主键又称为主关键字，是一个字段或多个字段的集合，是区别表中记录的唯一标识。一个表只有一个主键，有时往往把“自动编号”的字段作为主键。

索引是按索引字段的值使表中的记录进行排序的一种技术，有利于数据的快速查询。索引可分为有重复索引或无重复索引，无重复即唯一索引。被定义为主键的字段称为主索引，必须是无重复值的。

四、实验步骤与操作指导

【题目 1】新建一个数据库及其表

建立数据库"学生.accdb"，其中包含如图 6.2 所示的"档案"表、"成绩"表和"课程"表。

(a)"档案"表	(b)"成绩"表	(c)"课程"表

图 6.2 "学生"库中的三张表

1. 启动 Access

选择"开始"菜单→"所有程序"→"Microsoft Office"→"Microsoft Access 2010"，启动 Access 2010。

2. 建立数据库

❶ 选择"文件"选项卡的"新建"。

❷ 在显示的"可用模板"窗格中选择"空数据库"，在右侧"空数据库"栏中选择保存数据库文件的位置，输入数据库名"学生.accdb"；单击下方的"创建"按钮，这时 Access 2010 窗口标题显示为"学生"数据库，左窗格中显示为"表 1"，如图 6.3 所示，并且默认使用 Access 2007-2010 文件格式。

3. 建立数据库表

从图 6.3 中可以看到，目前的对象正是"表"。对于"表"的创建方式，可以使用设计器创建表，或者新建一个空表，直接在新表中定义字段。本题分别用这两种方法建立表。

（1）使用设计器创建"档案"表

❶ 打开设计器界面。右键单击左窗格中的"表 1"，在弹出的快捷菜单中选择"设计视图"，出现"另存为"对话框，输入表名称"档案"，单击"确定"按钮，这时出现类似图 6.4 所示的界面（只有一个 ID 字段）。

图 6.3 Access 窗口

图 6.4 表结构创建的界面

134

❷ 建立表结构，即依次定义每个字段的名称、类型及长度等参数。

<1> 先删除 ID 字段，方法是：右键单击 ID 所在行，在弹出的快捷菜单中选择"删除行"，在出现的对话框中单击"是"按钮。

<2> 在字段名称中输入"学号"、数据类型为"文本"，在字段属性中设置"字段大小"为 10，"必需"为"是"，"允许空字符串"为"否"。

<3> 在字段名称中输入"姓名"、数据类型为"文本"，在字段属性中设置"字段大小"为 10。

<4> 在字段名称中输入"性别"、数据类型为"文本"，在字段属性中设置"字段大小"为 1。

<5> 在字段名称中输入"学院"、数据类型为"文本"，在字段属性中设置"字段大小"为 8。

<6> 在字段名称中输入"入学成绩"、数据类型为"数字"，在字段属性中设置"字段大小"为"整型"。

<7> 在字段名称中输入"出生日期"、数据类型为"日期/时间"。

<8> 在字段名称中输入"籍贯"、数据类型为"文本"，在字段属性中设置"字段大小"为 10。

<9> 在字段名称中输入"照片"、数据类型为"OLE 对象"。

❸ 保存。使用"文件"选项卡的"保存"命令，或按 Ctrl+S 组合键。

这样就建好了一个表的结构，但尚未输入数据，也未定义主键。

（2）采用直接在新表中定义字段的方法创建"成绩"表

❶ 单击"创建"功能区的"表格"组中的"表"，创建一个空表"表 1"。出现类似图 6.3 所示的窗口，只是左窗格的对象中多了一个创建的"档案"表。

❷ 添加字段。在右窗格中单击"单击以添加"，出现如图 6.5 所示的字段类型菜单，选择"文本"。这时刚才的"单击以添加"处就会出现文字"字段 1"，并处于选中状态，而它的后面会出现新的"单击以添加"列。现在直接输入文字"学号"，即添加了一个字段。

❸ 用同样的方法添加字段"课程号"、"成绩"。

❹ 按 Ctrl+S 组合键，保存表结构，输入表名"成绩"。

不过，这样建立的表结构是比较粗糙的，如果设置字段大小等，可以通过"开始"功能区→"视图"组→"视图"（或再选择"设计视图"）进行修改，或通过"表格工具"→"字段"功能区→"属性"组等进行修改。

图 6.5　字段类型

本题中，"成绩"表结构为：ID|自动编号；学号|文本|字段大小 10；课程号|文本|字段大小 6；成绩|数字|整型。

（3）创建"课程"表

选择"创建"功能区→"表格"组→"表设计"，创建"课程"表结构。

本题中，"课程"表结构为：课程号|文本|字段大小 6；课程名|文本|字段大小 15；学分|数字|单精度型；是否必修|是/否。

保存表结构，这时可能弹出没有设置主键的提示，本题暂时不设置。

至此，在窗口左侧的 Access 对象中已出现了表名："档案"、"成绩"、"课程"。

4．给表添加数据

上面只是建立了表的结构，其中没有任何数据。给表添加数据的方法有多种，下面列举几种常用的方法。

（1）通过输入给"档案"表添加数据

❶ 添加一般类型的字段数据。这种方法很简单，只要在如图6.3所示的窗口左边双击对应的表名"档案"，窗口右侧会打开"数据表视图"，上面显示具体的字段名。然后用户可以直接在类似图6.2(a)所示的视图中输入数据。

❷ 添加"OLE对象"类型数据。"照片"字段是"OLE对象"类型，右键单击"照片"字段空白位置，在弹出的快捷菜单中选择"插入对象"，出现如图6.6所示的对话框。如果照片来自某个JPG文件，则选中"由文件创建"单选按钮，再单击"浏览"按钮，选择好文件，单击"确定"按钮关闭浏览窗口，再单击"确定"按钮。如果需要某个手绘图形，也可以选中"新建"单选按钮，然后选择一种对象类型，如Bitmap Image，单击"确定"按钮，出现画图窗口，绘图后关闭该画图窗口即可。

图6.6　插入对象

最后，单击数据表视图中的"关闭"按钮，关闭表。

（2）通过导入方法，将文件"课程.txt"（字段数据之间用制表符间隔）导入到"课程"表中

假定已有一个文件"课程.txt"，其内容如图6.2(c)所示，其中复选框部分分别对应"Yes"和"No"（不包括引号），有标题行，但无表格线，各项之间用制表符间隔。

❶ 如果"课程"表已处于打开状态，则先将其关闭。

❷ 选择"外部数据"功能区→"导入并链接"组→"文本文件"，打开"获得外部数据 - 文本文件"对话框，通过"浏览"找到文件"课程.txt"，选中"向表中追加一份记录的副本"单选按钮，并在右边下拉表列表框中选择表名"课程"。单击"确定"按钮。

❸ 这时出现"导入文本向导"对话框，选中"带分隔符"单选按钮（事实上已用Tab键分隔各项），单击"下一步"按钮。

❹ 在"导入文本向导"对话框中选择分隔符为"制表符"，勾选"第一行包含字段名称"复选框，单击"下一步"按钮，再单击"完成"按钮。

❺ 在"获得外部数据 - 文本文件"对话框中单击"关闭"按钮。

（3）通过导入方法，将文件"成绩表数据.xlsx"（Sheet1）中的数据导入到"成绩"表中

假定已有一个文件"成绩.xlsx"，其Sheet1中的内容如图6.2(b)所示，同样包含标题行，但不包括ID列，ID由Access自动产生。操作步骤与"课程.txt"的导入类似。

❶ 如果"成绩"表已处于打开状态，则先将其关闭。

❷ 选择"外部数据"功能区→"导入并链接"组→"Excel"，打开"获得外部数据 - Excel电子表格"对话框。

❸ 通过"浏览"选择文件"成绩.xlsx"，设置"向表中追加一份记录的副本"的表为"成绩"表，单击"确定"按钮，在出现的向导中选择"Sheet1"；单击"下一步"按钮，再依次单击"下一步"→"完成"→"关闭"按钮。

【题目 2】表中数据的修改

在"档案"表中添加新记录"3110102123|张林林|男|计算机|652|1994/12/10|北京";删除"成绩"表中的第 1 条记录;将"课程"表的第 2 条记录复制到最后,将编号改为"X081",将"C"改为"VB";查找"档案"表中学号为 3013222222 的记录,将其所在学院改为"经济";将"课程"表中的"C++程序设计"改为"C++程序设计与实验"。

这里的每项操作都应先打开所需要的表窗口。

1. 添加新记录

在左窗格显示表名的状态下,双击"档案",打开"档案"表窗口,将光标移到最后一行,直接输入数据。输入完毕,单击表窗口的"关闭"按钮。

2. 删除记录

打开"成绩"表窗口,右键单击第一行(第一条记录)左侧的方块,在弹出的快捷菜单中选择"删除记录"命令。

如果要删除多条连续的记录,可以在表窗口记录行左侧空白方块处拖动鼠标,先选中多条记录,然后在选中记录的字段中任何位置(不要在左侧方块处单击右键),鼠标指针呈 I 状时单击右键,在弹出的快捷菜单中选择"删除记录"。

3. 复制记录

复制记录可以减少重复数据的录入次数。打开"课程"表窗口,选择第 2 条记录(整行),按 Ctrl+C 组合键;单击最后一行左侧的 ✳ 处,再按 Ctrl+V 组合键;然后将编号改为"X081",将"C"改为"VB"。复制也可以使用快捷菜单的命令,但粘贴时,光标位置不能在目标的某个字段的编辑处。

4. 查找记录

一般,一个表中不会只有几条记录,而是往往有几百条几千条记录,这时需要使用查找。查找的方法与 Word 类似:使用"开始"功能区→"查找"组→"查找"命令。找到该条记录后就可以直接修改。

查找可以在当前字段范围内进行,也可以在整个表中进行;可以要求与某个完整的字段值匹配,也可以设置为字段任何部分匹配,这些只要在"查找和替换"对话框的"查找"选项卡中进行相应设置就可以了。

5. 替换记录

替换方法与查找类似:选择"开始"功能区→"查找"组→"查找"命令,在出现的对话框中选择"替换"选项卡,或者直接选择"查找"组→"替换"命令。注意,一旦替换成功,往往无法撤销。所以替换操作应慎重,一般建议先使用查找,再决定是否更改。

【题目 3】修改表结构及字段属性

修改"成绩"表结构:在"成绩"字段前增加一个"学习时间"的字段,用于存放某学年的某学期,如"2011-2012-1",字段大小为 11。

修改字段属性:当"成绩"字段没有数字时不作显示,即为空白,而不显示为 0;设置"档案"表"出生日期"字段的显示标题为"生日";设置"出生日期"的输入掩码;设置"入学成绩"

字段数据输入的有效规则为 400≤入学成绩≤750，并给出有效性文本。

这里的每项操作都应使用表的"设计视图"。切换到设计视图的方法是：双击左窗格中的表，打开表，然后单击"开始"功能区→"视图"分组→"视图"的下箭头，在下拉列表中选择"设计视图"；或者右键单击左窗格中的表名，在弹出的快捷菜单中选择"设计视图"。比如，"档案"表的设计视图窗口（见图 6.4）。

1．修改表结构

打开"成绩"表设计视图，右键单击"成绩"字段，在弹出的快捷菜单中选择"插入行"，在"成绩"字段前就插入了一个空行；在空行中输入字段名称"学习时间"，选择数据类型为"文本"，设置字段大小为 11。

2．修改字段属性

❶ 设置数据格式。要使数据在没有输入时不作显示的操作方法是：在"成绩"表设计视图窗口中选择"成绩"字段，在类似图 6.4 中的字段属性的"格式"处，输入字符"#"（不包括引号），保存对"成绩"表设计的更改，并关闭"成绩"表设计视图。

字段属性的格式处可以使用格式设置符号，如"#,###"表示数字字段使用千位分隔符；"000000"表示当显示的数字小于 6 位时，前面自动添 0 补足 6 位；">"表示文本字段中输入的小写字母自动转成大写字母。

❷ 设置显示标题。打开"档案"表设计视图窗口，选择"出生日期"字段，在类似图 6.4 中的字段属性的"标题"处输入"生日"二字（注意：字段名并未修改），按 Ctrl+S 组合键保存表结构。

❸ 设置输入掩码。设置输入掩码可以在输入数据时，不必输入某些固定字符。如对日期型数据设置为长日期格式，则输入时自动出现"____年__月__日"，用户只要填入数字即可。设置方法为：选择"出生日期"字段，在字段属性的"输入掩码"处单击其右侧的按钮▣，打开"输入掩码向导"对话框（如图 6.7 所示），从中选择需要的掩码格式，单击"完成"按钮。

❹ 设置有效规则。选择"入学成绩"字段，单击字段属性的"有效性规则"，其右边出现按钮▣；单击该按钮，打开如图 6.8 所示的"表达式生成器"对话框，从中输入表达式"[入学成绩]>=400 And [入学成绩]<=750"，也可以根据需要引用其中的函数等项。单击"确定"按钮。

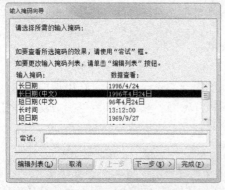

图 6.7　设置输入掩码

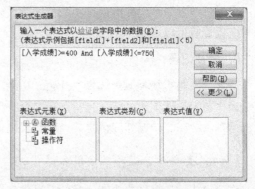

图 6.8　表达式生成器

在该字段属性的"有效性文本"处输入文字"成绩输入有错，应在 400 至 750 之间"。这样一旦输入的数据在此范围外，就会出现一个包含该提示信息的消息框。

最后，保存对"档案"表设计的更改，并关闭设计视图。

【题目4】数据的显示与处理

浏览"档案"表中的数据；对"档案"表中的记录按"入学成绩"从高到低排序；对"档案"表的数据进行筛选，筛选出"计算机"学院的学生；对"档案"表的数据进行筛选，同时筛选出"理学院"和"人文"学院的学生，并将这批学生按入学成绩从高到低排列；对"成绩"表中的记录以"学号"为主要关键字、"课程号"为次要关键字排序。

1. 浏览数据

打开"档案"数据表视图窗口，底部显示了一组定位按钮，通过这些按钮可以浏览表中的记录，这些按钮从左到右依次为：第一条记录、上一记录、下一记录、尾记录和新（空白）记录。中间的"第5项（共10项）"表示该表共有10条记录，当前为第5条记录。

如果快速定位到第 n 条记录（如 $n=7$），这时可以在"第5项（共10项）"上单击，对应的"第5项（共10项）"就会变为数字"5"，删除"5"，输入"7"，回车，即可定位到第7条记录。

2. 排序

右键单击"入学成绩"所在列，在弹出的快捷菜单中选择"降序"或"升序"。

3. 筛选

单击"档案"表中"学院"字段名右侧的下箭头，在出现的筛选项目中取消"全选"复选框的选中，再勾选"计算机"复选框，单击"确定"按钮。

4. 高级筛选

先取消上面的筛选，现在进行多条件的筛选。取消的方法是单击"档案"表中"学院"字段名右侧的"筛选"记号，在出现的筛选项目中单击"从"学院"清除筛选器"。

❶ 选择"开始"功能区→"排序和筛选"组→"高级筛选选项"→"高级筛选/排序"，在主工作界面打开"档案筛选1"窗口（如图6.9所示），在窗口的字段处选择"学院"，在"条件"处输入"="理学院""，在"或"处输入"="人文""；在第2列字段中选择"入学成绩"，在排序处选择"降序"。

❷ 在"档案筛选1"窗口的空白位置上单击右键，在弹出的快捷菜单中选择"应用筛选/排序"命令，结果如图6.10所示。

图6.9 筛选窗口

图6.10 筛选/排序结果

若要去掉筛选效果，可以使用"高级筛选选项"命令，然后选择"清除所有筛选器"。

5．多级排序

打开"成绩"数据表视图窗口，选择"开始"功能区→"排序和筛选"组→"高级筛选选项"→"高级筛选/排序"，出现"成绩筛选1"界面（类似图 6.9）；第一个字段选择"学号"，排序处选择"升序"，第二个字段选择"课程号"，排序处选择"升序"；再次选择"高级筛选选项"→"应用筛选/排序"（或直接使用快捷菜单命令）。

【题目 5】建立主键、索引和关联

为"档案"表建立主键，主键为"学号"字段；为"课程"表建立主键，主键为"课程号"字段；为"成绩"表的"学号"字段建立索引；建立三表之间的联系；查看子表中的数据。

1．建立主键

打开"档案"表设计视图窗口，右键单击"学号"字段，在弹出的快捷菜单中选择"主键"，按 Ctrl+S 组合键，保存对"档案"表的设计的更改。用同样的方法为"课程"表建立主键。

2．建立索引

图 6.11 索引

打开"成绩"表设计视图窗口，单击"学号"字段，在字段属性的"索引"栏中选择"有（有重复）"。按 Ctrl+S 组合键，保存对"成绩"表的设计的更改。

也可以在打开表设计视图窗口后，选择"表格工具"→"设计"功能区→"显示/隐藏"组→"索引"，这时打开"索引"对话框（如图 6.11 所示），从中设置索引，确定排序次序和索引属性。

3．建立关联

"档案"表与"成绩"表是一对多的关系，"成绩"表与"课程"表是多对一的关系。

❶ 先关闭各表，然后选择"数据库工具"功能区→"关系"组→"关系"，在主窗格中出现"关系"选项卡，同时出现"显示表"对话框，分别选择这三张表，单击"添加"按钮，将它们添加到"关系"界面中，如图 6.12(a)所示。

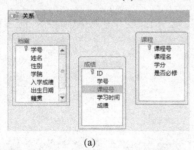
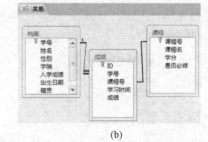

(a)   (b)

图 6.12 "关系"窗口

❷ 鼠标指针移到"档案"表的"学号"处，拖动鼠标到"成绩"表的"学号"处，这时弹出一个"编辑关系"对话框，从中勾选"实施参照完整性"复选框，单击"创建"按钮，就创建了一个一对多的关系。

实施参照完整性可以有效地维护多表关联，可以使得用户在输入、删除或更新记录时仍保证数据库表中数据的有效性和一致性。这样也可以确保"成绩"表中所有记录总能在"档案"表中

找到相对应的记录。此时，如果想删除"档案"表中"王小华"所在的记录，发现已无法删除，因为"成绩"表中包含着与他相关的记录。

❸ 采用同样的方法，但不必加上"实施参照完整性"（因为"成绩"表只建立了索引，且其课程号是不唯一的），在"成绩"表和"课程"表之间关于"课程号"建立多对一的关系，如图6.12(b)所示。可以发现，图6.12(b)比图6.12(a)多了表与表之间在某些字段上的连线。

4．查看子表数据

打开"档案"数据表视图，可以发现，在第一个字段前增加了一列"+"。单击"+"，可以显示子数据表，如图6.13(a)所示。如果没有"+"，可以通过添加子数据表的方法进行操作。如果想在图6.13(a)中查看课程号X005的具体课程名，可以把"课程"表作为"成绩"表的子数据表。

❶ 单击"成绩"子表，选择"开始"功能区→"记录"组→"其他"→"子数据表"→"子数据表"。

❷ 出现"插入子数据表"对话框，在"表"选项卡中选择"课程"表，对话框的链接主/子字段的两个位置上出现"课程号"（即按课程号链接，也可以另作修改），单击"确定"按钮。

这时单击"成绩"子表的"+"，可以查看该课程号对应的课程名、学分等内容，如图6.13(b)所示。此时相当于"成绩"表是"档案"表的子表，"课程"表是"成绩"表的子表。

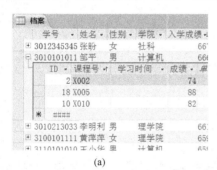
(a)

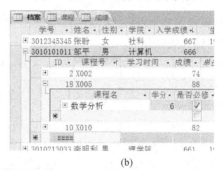
(b)

图 6.13　查看子表数据

【题目 6】高、低版本数据库转换

将数据库格式转换成 Access 早期的 MDB 格式。

因为高版本中创建的数据库在低版本中不能直接使用，所以要进行转换操作。

❶ 打开数据库，选择"文件"选项卡中的"保存并发布"，在文件类型处选择"数据库另存为"，在右窗格中选择"Access 2002-2003 数据库（*.mdb）"，单击右窗格下方的"另存为"按钮。

❷ 在出现的"另存为"对话框中指定目标位置及文件名。单击"保存"按钮，完成转换操作。同样方法，也可以将低版本的 .mdb 文件格式转换成高版本的 .accdb 格式。

五、操作题

1．新建一个"商场"数据库，其中含有内容如图 6.14 所示的三张表。

其表结构如下。

"销售"表：商品号|文本|10、日期|日期/时间、数量|数字|整型。

"商品"表：商品号|文本|10、商品名|文本|20、单价|数字|单精度型、供货商编号|文本|8。

"供货商"表：供货商编号|文本|8、单位名称|文本|20、联系电话|文本|15、新供货商否|是/否。

图 6.14 操作题 1 对应的数据库表

（2）修改表中的数据

① 在"商品"表中添加新记录"T101011|喷墨打印机|560|B0110"。

② 复制记录，将"销售"表的第 1、2 条记录同时复制到最后，将时间均改为"2012-5-1"，数量分别改为"1"和"2"。

③ 试着用"查找"命令查找"供货商"表中的"远游电脑厂"，将其电话改为"0572-87778886"。

（3）修改表结构及其字段属性

① 设置"供货商"表的"联系电话"字段的显示标题为"电话"。

② 修改"销售"表结构，增加一个"客户电话"字段"客户电话|文本|15"。

③ 修改"销售"表的"商品号"字段属性，使其"必需"填写为"是"，"允许空字符串"设为"否"。

④ 设置"销售"表中"数量"字段数据输入的有效性规则符合"0<数量≤3000"，并给出有效性文本"输入数据有错，请仔细核对！"。

⑤ 设置"销售"表"日期"的默认值为"Date()"（不包括引号），表示当前机器日期。

（4）数据的显示与处理

① 使用数据表视图浏览按钮浏览"销售"表中的数据。

② 对"商品"表中的记录按"单价"从高到低排序。

③ 对"销售"表的数据进行筛选，筛选出"2012/3/15"的销售记录。

④ 对"销售"表中的记录以"商品号"为主要关键字、"日期"为次要关键字进行排序。

（5）建立主键、索引和关系，查看子表数据

① 为"商品"表建立主键，主键为"商品号"字段；为"供货商"表建立主键，主键为"供货商编号"。

② 为"销售"表的"商品号"字段建立索引为"有（有重复）"。

③ 建立三表之间的联系。

④ 以"供货商"表为父表，查看子表中的数据，即其商品与销售情况。

六、实验报告

1．写出完成操作题的详细步骤。

2．附上经过各项操作的"学生"及"商场"数据库，以电子文档提交。

实验二　Access 2010 高级操作

一、实验目的

掌握 Access 数据库的进一步操作，掌握使用 SQL 的基本查询方法。

二、实验任务与要求

1. 实现查询。
2. 实现利用窗体自制用户界面。
3. 实现自制输出报表。

三、知识要点

1. 查询

查询的目的是为了检索数据库表中用户需要的数据，并按一定的方式显示查询的结果。Access 2010 中可以用"查询"对象建立查询。

SQL 是结构化查询语言，其中的 SELECT 查询语句可以实现各种类型的查询操作。Access 2010 中可以通过 SELECT 语句建立查询。

2. 窗体

窗体是用户通过显示器对数据库进行操作的工作界面，窗体中可包含各种控件。控件是用来定制窗体的一些对象，可以显示数据、接受信息。常用的控件有标签 Aa、文本框 ab、复选框 $\checkmark$、组合框、列表框、命令按钮、图像、选项卡控件等。它们可以在"窗体布局工具" → "设计"功能区→"控件"组中选择。

3. 报表

报表常常是用来打印的，直观地以表格形式显示着数据。报表包含了报表页眉、页面页眉、主体、页面页脚和报表页脚。

四、实验步骤与操作指导

【题目 7】使用查询设计器建立单表查询

对"学生"库查询"档案"表中杭州人的信息；查询"档案"表中学院为"法学院"、"人文"和"理学院"全体学生的学号、姓名和学院；查询"课程"表中学分为"2"的必修课课程；对"成绩"表，以学号为第一关键字、成绩为第二关键字（降序）进行排序；输入入学成绩的上下界，在"档案"表中查询该范围的学生信息；另建一个"教师"库，其中包含如图 6.15(a)所示的工资表，查询教师工资发放表如图 6.15(b)所示；查询姓名为"黄俊"的工资单；将工资发放表按实发工资从低到高排序。

职工号	姓名	基本工资	岗位津贴	误餐费	工会费	住房公积
000001	张小婷	¥2,812.00	¥200.00	¥50.00	¥4.06	¥100.00
000002	王蓓蕾	¥2,700.00	¥180.00	¥50.00	¥3.50	¥90.00
000003	李明	¥2,890.00	¥220.00	¥50.00	¥4.45	¥110.00
000004	赵亮亮	¥3,750.00	¥200.00	¥50.00	¥3.75	¥130.00
000005	黄俊	¥2,000.00	¥250.00	¥50.00	¥5.00	¥130.00
000006	周茫	¥2,900.00	¥240.00	¥50.00	¥4.50	¥123.00
000017	代培	¥3,300.00	¥210.00	¥50.00	¥5.00	¥120.00
000018	邹健美	¥3,200.00	¥200.00	¥50.00	¥5.10	¥132.00
000019	史地	¥3,010.00	¥190.00	¥50.00	¥4.80	¥121.00

(a)内容

职工号	姓名	基本工资	岗位津贴	误餐费	应发工资	工会费	住房公积	实发工资
000001	张小婷	¥2,812.00	¥200.00	¥50.00	¥3,062.00	¥4.06	¥100.00	¥2,957.94
000002	王蓓蕾	¥2,700.00	¥180.00	¥50.00	¥2,930.00	¥3.50	¥90.00	¥2,836.50
000003	李明	¥2,890.00	¥220.00	¥50.00	¥3,160.00	¥4.45	¥110.00	¥3,045.55
000004	赵亮亮	¥3,750.00	¥200.00	¥50.00	¥4,000.00	¥3.75	¥130.00	¥3,896.25
000005	黄俊	¥2,000.00	¥250.00	¥50.00	¥2,300.00	¥5.00	¥130.00	¥2,165.00
000006	周茫	¥2,900.00	¥240.00	¥50.00	¥3,190.00	¥4.50	¥123.00	¥3,062.50
000017	代培	¥3,300.00	¥210.00	¥50.00	¥3,560.00	¥5.00	¥120.00	¥3,435.00
000018	邹健美	¥3,200.00	¥200.00	¥50.00	¥3,450.00	¥5.10	¥132.00	¥3,312.90
000019	史地	¥3,010.00	¥190.00	¥50.00	¥3,250.00	¥4.80	¥121.00	¥3,124.20

(b)查询结果

图 6.15 "工资"表及查询

建立查询，使用"创建"功能区→"查询"组中的命令，这里采用"查询设计"创建查询，比使用向导建立查询更灵活、更实用。

1. 查询"档案"表中的杭州人

❶ 选择"创建"功能区→"查询"组→"查询设计",打开如图 6.16 所示的查询设计窗口,并弹出"显示表"对话框。

❷ 在"显示表"对话框中选择"档案",单击"添加"按钮,再单击"关闭"按钮,这时"档案"表就添加到了查询设计窗口中。

❸ 在"字段"中选择"档案.*",表示显示所有字段。"表"项中自动出现"档案",表示这些字段属于"档案"表。

❹ 添加条件。在第二列的"字段"处选择"籍贯",在"显示"处去掉√(因为该项显示已包含在"档案.*"中),在"条件"处输入""杭州"",如图 6.17 所示。

图 6.16 "查询"初始窗口 图 6.17 查询"杭州"人

❺ 选择"查询工具"→"设计"功能区→"结果"组→"运行",可以看到查询结果。

❻ 如果查询结果不符合要求,则可以选择"开始"功能区→"视图"组→"视图";或右键单击查询结果标签上的"查询 1",在弹出的快捷菜单中选择"设计视图",回到图 6.17 所示的查询设计界面中进行修改。

❼ 保存。如果符合要求,则按 Ctrl+S 组合键,将其保存。如取名为"查询杭州人",这时标签上的"查询 1"就变成了"查询杭州人"。

2. 查询"档案"表中"法学院"、"人文"和"理学院"学生的学号、姓名和学院

创建查询,并将"档案"表添加到查询设计窗口,因为不是查询所有字段,所以应一个一个地选择显示字段。只要按图 6.18(a)进行查询设置即可。保存查询,取名"查询法-理-人文"。

(a) 查询法学、人文、理学名单 (b) 查询学分为 2 的必修课课程 (c) 排序

图 6.18 查询设置

3. 查询"课程"表中学分为 2 的必修课课程

创建查询,并将"课程"表添加到查询设计界面,选择显示字段为"课程.*",然后设置条件,如图 6.18(b)所示。保存查询,取名"查询 2 学分必修课"。

4. 对"成绩"表,进行多关键字排序

创建查询,并将"成绩"表添加到查询设计界面,选择显示字段为"成绩.*",然后设置排序规则，先学号、后成绩，并且一个为升序、一个为降序，两者均不再显示，如图6.18(c)所示。

保存查询，取名"查询学号成绩降序"。

5. 按上、下界查询学生信息

上、下界的值是不确定的，所以使用带参数的查询方式。

❶ 创建查询，并将"档案"表添加到查询设计界面，在查询设计界面的空白处单击右键，在弹出的快捷菜单中选择"参数"，打开"查询参数"对话框，输入参数名称、选择数据类型，如图6.19所示，然后单击"确定"按钮。

图6.19 "查询参数"对话框

❷ 在查询设计界面的第一列选用"档案.*"，第二列选用字段"入学成绩"，不作显示，并在条件中输入"Between [成绩下界] And [成绩上界]"。

❸ 运行查询，这时弹出"输入参数值"对话框，从中输入成绩下界"650"，单击"确定"按钮；又弹出"输入参数值"对话框，输入成绩上界"660"，单击"确定"按钮。这时查询窗口显示了入学成绩为650～660的学生信息。

❹ 保存查询，取名"查询-参数"。

使用带参数的查询，增加了查询的灵活性，所以是一种常用的方法。

6. 查询教师工资发放表

❶ 先建一个教师库，包含图 6.15(a)所示的工资表，其中基本工资、岗位津贴、误餐费、工会费、住房公积为货币类型。

❷ 创建查询，并将"工资"表添加到查询窗口。

❸ 按显示字段的顺序，一一将"职工号"、"姓名"、"基本工资"、"岗位津贴"、"误餐费"添加到查询设计窗口的各列。

❹ 在下一个空白列的字段处，输入"应发工资: [基本工资]+[岗位津贴]+[误餐费]"（不包括引号，除汉字外，一律使用西文符号），表示这一列的内容为"基本工资"、"岗位津贴"、"误餐费"三项值之和，而显示标题为"应发工资"。

❺ 继续将"工会费"、"住房公积"作为显示列，添加到后两列中。

❻ 在后一个空白列的字段处输入"实发工资: [应发工资]-[工会费] - [住房公积]"，如图6.20所示。

字段:	职工号	姓名	基本工资	岗位津贴	误餐费	应发工资: [基	工会费	住房公积	实发工资: [应发
表:	工资	工资	工资	工资	工资		工资	工资	
排序:									
显示:	✓	✓	✓	✓	✓	✓	✓	✓	✓
条件:									
或:									

图6.20 查询工资发放表设计

❼ 运行查询，保存查询，取名"工资发放表"。

7. 查询某教师的工资单

在图6.20所示的设计中，在"姓名"所在列的条件处输入""黄俊""即可。另外，可以把该查询设置为带参数的查询，这样就可以查询任何一位教师的工资单。保存查询，取名"查黄俊"。

8. 工资发放表按实发工资排序

可以利用已有的"工资发放表"查询来创建新查询。

图 6.21 查询排序的工资表

❶ 使用创建查询命令,在"显示表"对话框(见图 6.16)中选择"查询"选项卡,将查询"工资发放表"添加到查询设计界面。

❷ 在查询设计界面的第 1 列中选择"工资发放表.*",在第二列中选择"实发工资",设置为"升序",且不显示,如图 6.21 所示。

❸ 运行查询。最后保存查询,取名为"工资表排序"。

【题目 8】 使用 SQL 建立单表查询

对"学生"库,查询"档案"表中"人文"学院"女"生信息;以学院为主要关键字、学号为次要关键字查询学生名单;以学院为主要关键字、入学成绩(降序)为次要关键字查询学生信息;对"教师"库的"工资"表,查询每人的实发工资。

SQL 创建简单查询的基本语句格式如下:

```
SELECT [ALL|DISTINCT] 字段名 1 [, 字段名 2 [, …]]
FROM 表名或查询名
[WHERE 条件]
[ORDER BY 排序选项[ASC|DESC]]
```

[ ]表示该项可以省略,其中的参数和子句含义如下。

SELECT:查询语句的命令词,表示该语句用于从数据库中检索出数据。

ALL:查询结果是满足检索条件的所有记录。

DISTINCT:查询结果是满足检索条件的不包含重复行的所有记录。

字段名 1 [, 字段名 2 [, …]]:指定要查询的一个或多个字段,也可以采用表达式。其中可以出现"AS 别名",用来为导出的列指明别名,表示为"表达式 AS 别名"。

FROM 子句:给出查询中涉及的数据库表。

WHERE 子句:指定查询筛选的条件。

ORDER BY 子句:对查询结果进行排序,其中 ASC 或缺省参数表示升序,DESC 表示降序。如果是多关键字排序,则各排序选项之间用",""间隔。

注意:输入该语句时,除了字段名可用汉字外,其他(如逗号等)一律采用西文字符。

利用 SELECT 语句查询数据库表的步骤如下。

1. 查询"档案"表中"人文"学院的"女"生信息

❶ 打开"学生"数据库,选择"创建"功能区→"查询"组→"查询设计",打开查询设计界面(见图 6.16),并弹出"显示表"对话框,单击"关闭"按钮,关闭"显示表"对话框。

❷ 在查询设计窗口的空白处单击右键,在弹出的快捷菜单中选择"SQL 视图"命令,打开创建查询的 SQL 视图方式界面。

❸ 输入如图 6.22 所示的内容。其中,"*"表示显示所有字段。

❹ 选择"查询工具"→"设计"功能区→"结果"

图 6.22 输入查询语句

组→"运行",运行该查询。最后保存查询,取名"查询人文女生"。

如果要从 SQL 视图方式返回到查询设计视图界面,可以右键单击 SQL 视图方式标签(即图 6.22 中的"查询 1"处),在弹出的快捷菜单中选择"设计视图"。窗口的切换也可以选择"开始"功能区→"视图"组→"视图"。

2．以"学院"为主要关键字、"学号"为次要关键字查询学生名单

在 SQL 视图方式界面中输入以下查询语句,最终保存查询,取名"查询学院学号序名单"。

```
SELECT 学院,学号,姓名,性别  FROM 档案
ORDER BY 学院,学号
```

3．以"学院"为主要关键字、"入学成绩"(降序)为次要关键字查询学生信息

在 SQL 视图方式界面中输入以下查询语句,最终保存查询,取名"查询学院成绩序"。

```
SELECT *  FROM 档案
ORDER BY 学院,入学成绩 DESC
```

4．在"工资"表中查询每人的实发工资

在 SQL 视图方式窗口中输入以下查询语句,最终保存查询,取名"查询实发工资"。

```
SELECT 职工号,姓名,基本工资+岗位津贴+误餐费-工会费-住房公积  AS 实发工资
FROM 工资
```

以上语句中使用了表达式的输出,输出标题使用文字"实发工资"。

【题目 9】使用 SQL 建立多表查询、统计查询

查询全体学生学号、修读的课程名和对应成绩;查询全体学生成绩单(学号、姓名、课程名、成绩、是否必修);查询全体学生成绩单,并以"学院"为主要关键字、"学号"为次要关键字排序,并以学院项作为首列显示;在上一个查询的基础上,查询全体学生必修课成绩单;统计各学院入学的最高成绩、最低成绩和平均成绩,并按最低分降序排序;统计各学院入学的最高成绩、最低成绩和平均成绩,但要求仅列出最高成绩在 665 以上的行。统计各学院的人数。

使用 SQL 建立多表查询、统计查询,还需在题目 8 所列的简单查询语句格式上增加一些子句。

(1)FROM 子句

多表查询,首先是在 FROM 子句中定义联接,SQL 有多种联接方式,这里使用内联接,它用比较(关系)运算符,比较表中的列表,返回符合条件的数据行。FROM 子句内联接格式为:

```
FROM  表 1  INNER JOIN  表 2  ON  关系表达式
```

表中数据项的表示方法为:表名.项名,如"档案.学号",单表操作时可以省略"表名."。

如果是 3 个表进行联接,可以表示为:

```
FROM 表 1  INNER JOIN (表 2 INNER JOIN 表 3 ON 关系表达式 1)  ON 关系表达式 2
```

(2)GROUP BY 子句

使用 GROUP BY 子句可以进行分组汇总,结合统计函数,可以产生汇总值。GROUP BY 子句格式为:

```
GROUP BY  分组字段名
```

(3)HAVING 子句

HAVING 子句用来指定组或合计的搜索条件,作用与 WHERE 子句类似,不过它常常与 GROUP BY 子句一同使用。HAVING 子句的格式为:

```
HAVING  条件
```

（4）集合函数

在统计中，可以使用表 6.1 所示的集合函数。

1. 查询全体学生学号、修读的课程名和对应成绩

这是一个简单的两表联接。

❶ 在 SQL 视图方式界面输入以下命令：

```
SELECT 成绩.学号, 课程.课程名, 成绩.成绩
FROM 成绩 INNER JOIN 课程
ON 成绩.课程号 = 课程.课程号
```

❷ 运行并保存查询，取名“学生各课程成绩”。查询结果如图 6.23 所示。

表 6.1 集合函数

函数格式	作 用
SUM([ALL|DISTINCT] 表达式)	对表达式中的值求和
AVG([ALL|DISTINCT] 表达式)	对表达式中的值求平均值
COUNT([ALL|DISTINCT] 表达式)	统计表达式中值的个数
MAX(表达式)	求表达式中的最大值
MIN(表达式)	求表达式中的最小值

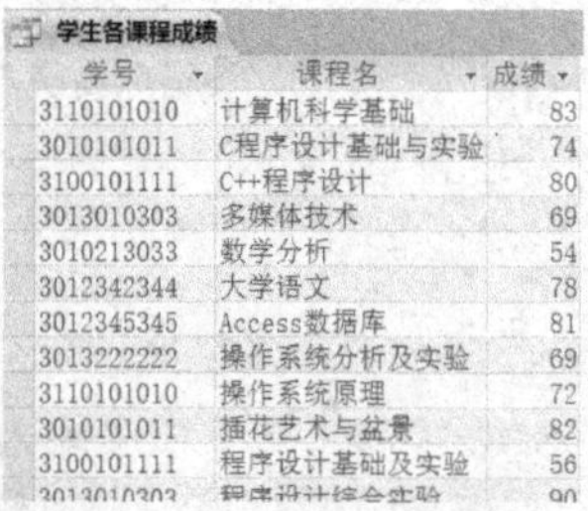
学生各课程成绩

学号	课程名	成绩
3110101010	计算机科学基础	83
3010101011	C程序设计基础与实验	74
3100101111	C++程序设计	80
3013010303	多媒体技术	69
3010213033	数学分析	54
3012342344	大学语文	78
3012345345	Access数据库	81
3013222222	操作系统分析及实验	69
3110101010	操作系统原理	72
3010101011	插花艺术与盆景	82
3100101111	程序设计基础及实验	56

图 6.23 “学生各课程成绩”

2. 查询全体学生成绩单

查询全体学生成绩单，按要求，需要使用 3 个表的联接。

❶ 在 SQL 视图方式界面输入以下命令：

```
SELECT 档案.学号, 档案.姓名, 课程.课程名, 成绩.成绩, 课程.是否必修
FROM 课程 INNER JOIN (档案 INNER JOIN 成绩 ON 档案.学号 = 成绩.学号)
ON 课程.课程号 = 成绩.课程号
```

❷ 运行查询，结果如图 6.24 所示。可以发现，其数据来自三张表。最终保存查询，取名“全体学生成绩单”。

3. 查询学生成绩单，并按学院、学号排序

本小题仍是多表联接，并使用了多关键字排序。

❶ 在 SQL 视图方式界面输入以下命令：

```
SELECT 档案.学院, 档案.学号, 档案.姓名, 课程.课程名, 成绩.成绩, 课程.是否必修
FROM 档案 INNER JOIN (成绩 INNER JOIN 课程 ON 成绩.课程号 = 课程.课程号)
ON 档案.学号 = 成绩.学号 ORDER BY 档案.学院, 档案.学号
```

❷ 运行并保存查询为“按学院成绩单”，运行效果如图 6.25 所示。

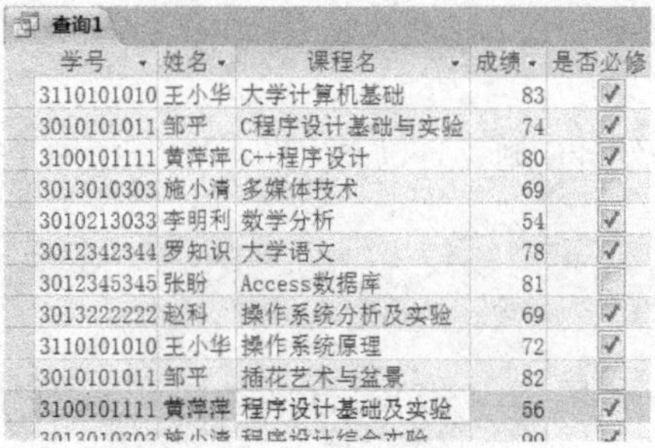
查询1

学号	姓名	课程名	成绩	是否必修
3110101010	王小华	大学计算机基础	83	✓
3010101011	邹平	C程序设计基础与实验	74	✓
3100101111	黄萍萍	C++程序设计	80	✓
3013010303	施小清	多媒体技术	69	
3010213033	李明利	数学分析	54	✓
3012342344	罗知识	大学语文	78	✓
3012345345	张盼	Access数据库	81	
3013222222	赵科	操作系统分析及实验	69	✓
3110101010	王小华	操作系统原理	72	✓
3010101011	邹平	插花艺术与盆景	82	
3100101111	黄萍萍	程序设计基础及实验	56	✓

图 6.24 “全体学生成绩单”查询

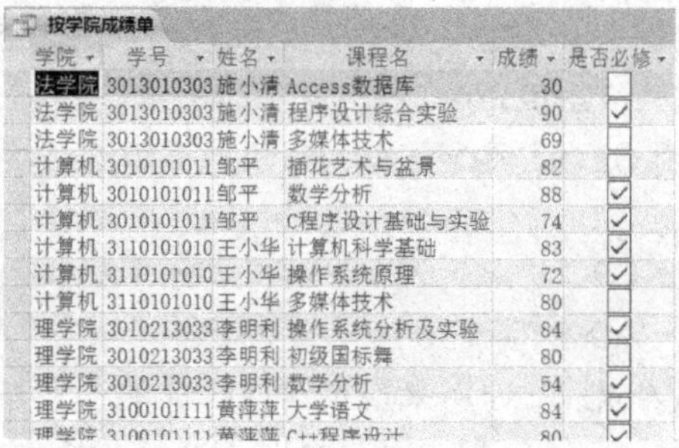
按学院成绩单

学院	学号	姓名	课程名	成绩	是否必修
法学院	3013010303	施小清	Access数据库	30	
法学院	3013010303	施小清	程序设计综合实验	90	✓
法学院	3013010303	施小清	多媒体技术	69	
计算机	3010101011	邹平	插花艺术与盆景	82	
计算机	3010101011	邹平	数学分析	88	✓
计算机	3010101011	邹平	C程序设计基础与实验	74	✓
计算机	3110101010	王小华	计算机科学基础	83	✓
计算机	3110101010	王小华	操作系统原理	72	✓
计算机	3110101010	王小华	多媒体技术	80	
理学院	3010213033	李明利	操作系统分析及实验	84	✓
理学院	3010213033	李明利	初级国标舞	80	
理学院	3010213033	李明利	数学分析	54	✓
理学院	3100101111	黄萍萍	大学语文	84	✓

图 6.25 “按学院成绩单”查询

4. 在上一查询的基础上，查询学生必修课成绩单

本题可以充分利用上一个的查询结果，增加条件即可，即增加使用 WHERE 子句。

❶ 在 SQL 视图方式界面输入以下命令：

```
SELECT 按学院成绩单.*
FROM 按学院成绩单  WHERE 按学院成绩单.是否必修=Yes
```

❷ 运行并保存查询，取名“按学院必修成绩单”。运行效果如图 6.26 所示。

5. 统计各学院入学的最高成绩、最低成绩和平均成绩，并按最低分降序排序

本小题需要使用集合统计函数，并且要通过 GROUP BY 分组，还要使用 ORDER BY 排序，并对统计结果的列名使用了别名。

❶ 在 SQL 视图方式界面输入以下命令：

```
SELECT 学院, MAX(入学成绩)  AS 最高成绩, MIN(入学成绩)  AS 最低成绩,
AVG (入学成绩)  AS 平均成绩
FROM 档案  GROUP BY 学院
ORDER BY MIN(入学成绩) DESC
```

❷ 运行查询，取名“各学院入学成绩统计”。运行结果如图 6.27 所示。

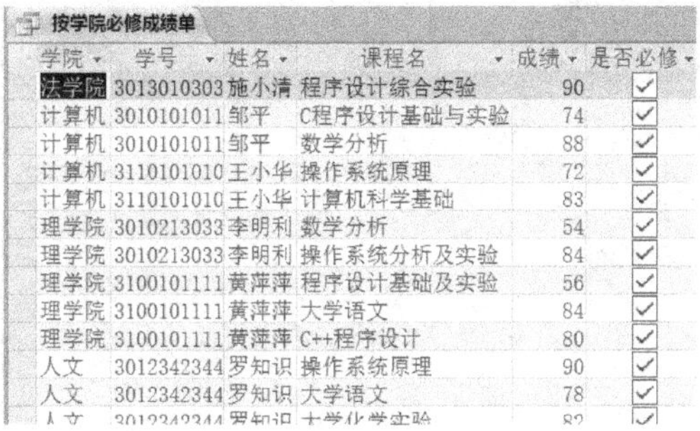

按学院必修成绩单

学院	学号	姓名	课程名	成绩	是否必修
法学院	3013010303	施小清	程序设计综合实验	90	☑
计算机	3010101011	邹平	C程序设计基础与实验	74	☑
计算机	3010101011	邹平	数学分析	88	☑
计算机	3110101010	王小华	操作系统原理	72	☑
计算机	3110101010	王小华	计算机科学基础	83	☑
理学院	3010213033	李明利	数学分析	54	☑
理学院	3010213033	李明利	操作系统分析及实验	84	☑
理学院	3100101111	黄萍萍	程序设计基础及实验	56	☑
理学院	3100101111	黄萍萍	大学语文	84	☑
理学院	3100101111	黄萍萍	C++程序设计	80	☑
人文	3012342344	罗知识	操作系统原理	90	☑
人文	3012342344	罗知识	大学语文	78	☑

图 6.26 “按学院必修成绩单”查询

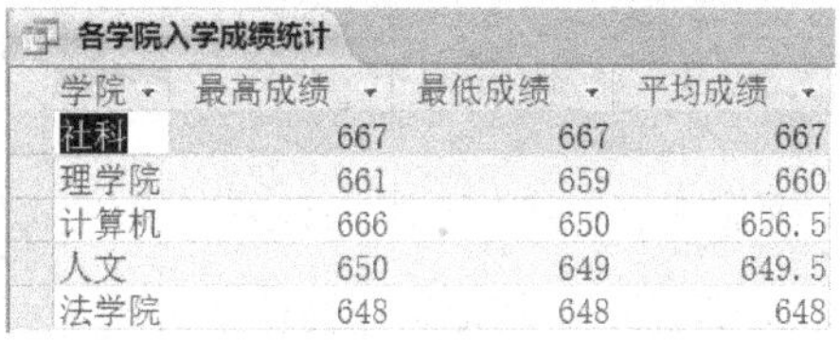

各学院入学成绩统计

学院	最高成绩	最低成绩	平均成绩
社科	667	667	667
理学院	661	659	660
计算机	666	650	656.5
人文	650	649	649.5
法学院	648	648	648

图 6.27 “各学院入学成绩统计”查询

6. 统计各学院成绩情况，但要求仅列出最高成绩在 665 分以上的行

这个统计可以利用上一查询的结果。

❶ 在 SQL 视图方式界面输入以下命令：

```
SELECT *  FROM 各学院入学成绩统计
WHERE 最高成绩>=665
```

或者输入包含 HAVING 子句的命令：

```
SELECT 学院, MAX(入学成绩)  AS 最高成绩, MIN(入学成绩)  AS 最低成绩,
AVG (入学成绩)  AS 平均成绩
FROM 档案    GROUP BY 学院    HAVING MAX(入学成绩)>665
```

❷ 运行查询，取名“学院最高分大于 665”。运行结果如图 6.28 所示。

7. 统计各学院的人数

❶ 在 SQL 视图方式界面输入以下命令：

```
SELECT 学院, COUNT (学院) AS 人数
FROM 档案  GROUP BY 学院
```

❷ 运行查询，取名“各学院人数”。运行结果如图 6.29 所示。

以上操作也可以在查询设计器中完成，或者在使用 SQL 命令后，切换到查询设计器，查看其设置情况。

| 图 6.28 使用 HAVING 子句的查询 | 图 6.29 "各学院人数"查询 |

【题目 10】创建用户界面——窗体

创建如图 6.30 所示的三个窗体，第一个窗体作为首页，由一个标签、两个按钮（初始时）构成，通过两个按钮可以分别打开"添加记录"窗体和"成绩查询"窗体；"添加记录"窗体用于添加档案记录；"成绩查询"窗体用于根据题目 9 中的"按学院成绩单"查询，来查看某个学生某门课的成绩。

| (a)"首页"窗体 | (b)"添加记录"窗体 | (c)"成绩查询"窗体 |

图 6.30　自制用户界面

操作时，先建立"添加记录"窗体和"成绩查询"窗体，再建立"首页"窗体。

1．建立"添加记录"窗体

❶ 打开"学生"数据库。选择"创建"功能区→"窗体"组→"窗体设计"，打开如图 6.31(a) 所示的窗体设计界面，出现"窗体设计工具"，在"设计"功能区中有"控件"组，其中有不少可用控件。

❷ 打开窗体属性表。选择"窗体设计工具"→"设计"功能区→"工具"组→"属性表"，打开窗体"属性表"窗口（如图 6.31(b)所示）；如果"属性表"显示的是"主体"属性，则可以单击图 6.31(a)中水平标尺左侧用圈标示的空白处，切换到窗体"属性表"，或在界面空白处单击右键，在弹出的快捷菜单中选择"表单属性"，也可打开窗体"属性表"。

❸ 设置窗体属性。在窗体"属性表"窗口中单击"全部"选项卡，再单击"记录源"右侧的下箭头（如果没有看到，则可调整窗口宽度，使其可见），选择"档案"表。窗体其他属性的设置如表 6.2 所示。

表 6.2　属性设置

对　象	属　性	值	对　象	属　性	值
窗体	记录源	档案	窗体	记录选择器	否
窗体	标题	添加记录	窗体	导航按钮	否
窗体	滚动条	两者均无	窗体	边框样式	对话框边框
窗体	弹出方式	是	绑定对象框	缩放模式	拉伸

❹ 显示字段列表。选择"窗体设计工具"→"设计"功能区→"工具"组→"添加现有字段"，

出现一个关于"档案"表的"字段列表"，如图 6.31(c)所示。

(a) 窗体设计窗口　　　　　　　　　(b) 属性窗口　　　　　　　　(c) 字段列表

图 6.31　窗体设计

❺ 添加字段对应的控件。将"档案"字段列表中的每一项拖动到窗体合适位置，除了照片外，每个字段都出现一个标签和一个文本框，照片则出现一个绑定对象框。调整各控件的大小和位置。如果标签和文本框同时调整位置，则可以拖动其边框，如果仅调整一个对象，则鼠标移到该对象的左上角进行拖动，然后拖动窗体角调整窗体大小。

❻ 按表 6.2 修改绑定对象框的属性。

❼ 启用"使用控件向导"功能。选择"窗体设计工具"→"设计"功能区→"控件"组→"使用控件向导"。

❽ 选择"窗体设计工具"→"设计"功能区→"控件"组→"按钮"，在窗体合适位置拖一个矩形，因为启用了"使用控件向导"，所以自动弹出"命令按钮向导"；在向导的"类别"中选择"记录操作"，在"操作"中选择"添加新记录"；单击"下一步"按钮，在按钮显示形式中选择"文本"单选按钮；再单击"下一步"按钮，按钮的名称使用默认名称；单击"完成"按钮，这时窗体上已创建了一个"添加记录"按钮。

❾ 用同样的方式添加"保存记录"按钮。在向导的"类别"中选择"记录操作"，在"操作"中选择"保存记录"。

❿ 用同样的方式添加"关闭"按钮。在向导的"类别"中选择"窗体操作"，在"操作"中选择"关闭窗体"，在"文本"单选按钮边输入文字"关闭"。

⓫ 按 Ctrl+S 组合键，保存窗体，取名为"添加记录"。

⓬ 在左窗格的"窗体"对象中双击"添加记录"，或在窗体设计视图界面中使用状态栏右侧的"窗体视图"按钮，就可以打开"添加记录"窗体。窗体中显示第一条记录的信息，单击"添加记录"按钮，将清空窗体中的数据，然后输入要添加的数据。

对于图片，则可以右键单击绑定对象框，在弹出的快捷菜单中选择"插入对象"，打开"Microsoft Access"对话框，选中"由文件创建"单选按钮，再单击"浏览"按钮，找到需要的图片文件后，单击"确定"按钮。

最后回到"添加记录"窗体后，单击"保存记录"按钮，就可以保存该新记录到"档案"表。

2．建立"成绩查询"窗体

❶ 打开窗体设计视图界面。

❷ 设置窗体属性。在"窗体"的属性窗口设置"记录源"为查询中的"按学院成绩单"，窗体"标题"为"成绩查询"，设置其他如上面所要求的窗体属性。

❸ 选择"窗体设计工具"→"设计"功能区→"工具"组→"添加现有字段"，将字段列表

中的每一项拖动到窗体合适位置，调整各控件的大小和位置。再调整窗体大小。

如果"是否必修"项没有显示为复选框，则可以选择"复选框"控件，在窗体合适位置拖一个矩形，出现一个复选框和对应的一个标签，修改标签的"标题"为"是否必修"，修改复选框的"控件来源"属性为"是否必修"。再调整两控件的大小和位置。

❹ 选择"矩形"控件，在窗体右边合适位置拖一个矩形。

❺ 在启用"使用控件向导"的状态下，选择"按钮"控件，在窗体右边的矩形内创建按钮，在"命令按钮向导"的"类别"中选择"记录导航"，在"操作"中选择"转至第一项记录"；单击"下一步"，选中"文本"单选按钮，输入文字为"第一条"，再单击"完成"。用类似的方法建立"前一条"、"下一条"和"最后一条"按钮。

❻ 调整按钮的大小。在窗体上对 4 个按钮拖一个矩形，就可以同时选中这 4 个按钮，在属性窗口中统一设置高为 0.6 cm、宽为 2 cm，并将它们各自拖到合适位置。

❼ 创建一个带图形的关闭窗体按钮，只是在按钮显示形式中选择"图片"单选按钮，并使用"退出入门"图案。

❽ 保存窗体，取名为"成绩查询"。

3．建立"首页"窗体

❶ 打开窗体设计窗口。

❷ 设置窗体属性。"标题"属性为"首页"，"图片"属性为某一图片文件，"图片缩放模式"属性为"拉伸"。调整窗体大小，设置其他如上面所要求的窗体属性，不必设置"记录源"属性。

❸ 选择"标签"控件，在窗体合适位置拖一个矩形，标签中输入文字"学生信息管理"（即修改标签的"标题"），更改标签的字体属性，"字体名称"为隶书，"字号"为 20，"背景色"选择黄色。

❹ 选择"直线"控件，在窗体中标签下方画一直线，设置直线属性："边框宽度"为"4pt"，"边框颜色"为"255"，即红色。

❺ 在启用"使用控件向导"的状态下，选择"按钮"控件，在窗体左下方创建按钮，在"命令按钮向导"中分别进行设置："类别"选择为"窗体操作"，"操作"选择为"打开窗体"，打开窗体的选择为"添加记录"，选中"文本"单选按钮，输入文字为"添加档案记录"等。用类似的方法建立"查询成绩"按钮。

❻ 保存窗体，取名为"首页"。

4．运行窗体

在左窗格中双击"首页"，通过"首页"窗体中的两个命令按钮，可以分别打开另两个窗体。

【题目 11】制作输出报表

要求在题目 10 的窗体 1 中添加一个"打印学生档案"的按钮，打印出如图 6.32 所示的报表。

❶ 建立查询。由于报表中的"平均成绩"来自成绩表，现以"学院"为序，按"学号"分组建立查询，并计算平均成绩。将两张表添加到查询设计视图，查询设计设置如图 6.33 所示，保存并取名为"档案查询"。

其中，Round()函数在这里表示对平均值保留小数 2 位。

对应的查询语句如下：

学生档案表

打印日期　2017/6/5

学号	姓名	性别	学院	入学成绩	出生日期	籍贯	平均成绩
3013010303	施小清	女	法学院	648	1995/6/8	苍南	63
3110101010	王小华	男	计算机	658	1995/3/3	杭州	78.33
3010101011	邹平	男	计算机	666	1994/5/6	宁波	81.33
3100101111	黄萍萍	女	理学院	659	1996/1/1	温州	73.33
3010213033	李明利	男	理学院	661	1995/6/12	慈溪	72.67
3013222222	赵科	男	人文	650	1995/9/1	杭州	74.67
3012342344	罗知识	女	人文	649	1996/2/23	余杭	83.33
3012345345	张盼	女	社科	667	1994/12/3	上海	69.33

制表人：

图 6.32　报表

字段:	学号	姓名: 姓名	性别: 性别	学院: 学院	入学成绩: 入学成绩	出生日期: 出生日期	籍贯: 籍贯	平均成绩: Round(Avg([成绩].[成绩]),2)
表:	档案	档案	档案	档案	档案	档案	档案	
总计:	Group	First	First	First	First	First	First	Expression
排序:				升序				
显示:	☑	☑	☑	☑	☑	☑	☑	☑
条件:								
或:								

图 6.33　档案查询设计

```
SELECT 档案.学号, First(档案.姓名)  AS 姓名, First(档案.性别)  AS 性别,
        First(档案.学院)  AS 学院, First(档案.入学成绩)  AS 入学成绩,
        First(档案.出生日期)  AS 出生日期, First(档案.籍贯)  AS 籍贯,
        Round(Avg(成绩.成绩),2)  AS 平均成绩
FROM 档案  INNER JOIN 成绩  ON 档案.学号 = 成绩.学号
GROUP BY 档案.学号    ORDER BY First(档案.学院);
```

❷ 在 Access 窗口中选择"创建"功能区→"报表"组→"报表设计",打开报表设计视图,类似图 6.34,只是内部没有控件。

图 6.34　报表设计视图界面

❸ 设置"记录源"等属性。在报表设计视图界面空白处,单击右键,在弹出的快捷菜单中选择"报表属性",打开报表"属性表"窗口,选择"记录源"为"档案查询",并设置"弹出方式"为"是"。选择"报表设计工具"→"设计"功能区→"工具"组→"添加现有字段",出现关于"档案查询"的"字段列表"窗口。

❹ 将字段列表中的每一项拖动到报表的"主体"区合适位置,每个字段都出现一个标签和一个文本框。剪切标签部分,将它们粘贴到"页面页眉"中,调整各控件的大小和位置。

❺ 画三条直线。利用画线控件,在"页面页眉"中的标签上、下各画一条直线,再在"主体"区域文本框的下方画一条直线。

❻ 右键单击报表设计视图的空白处,在弹出的快捷菜单中选择"报表页眉/页脚",设计窗口

中出现"报表页眉"和"报表页脚"两个区域，在"报表页脚"区域创建一个标签，文字为"制表人："。

❼ 在"页面页眉"区创建一个标签，文字为"学生档案表"，并进行属性设置，设置字体名称为"隶书"，字号为20磅。

❽ 选择文本框控件，在"页面页眉"区创建文本框，同时出现一个对应的标签，标签文字改为"打印日期"，文本框部分使用"=Date( )"，表示当前机器日期，如图6.34所示。

❾ 调整主体等区域大小。

❿ 选择所有文本框（可以先选第一个，再按住Ctrl键，分别单击其他文本框），在"属性表"的"边框样式"处选择"透明"。

⓫ 按Ctrl+S组合键，或关闭设计视图窗口，将报表保存为"输出档案"。

⓬ 修改题目10的"首页"窗体，添加"打印学生档案"按钮，在"类别"中选择"报表操作"，在"操作"中选择"预览报表"或"打印报表"，选择报表名为"输出档案"，在按钮的文本处输入"打印学生档案"。

这时，启动"首页"窗体，单击"打印学生档案"按钮，就可预览"输出档案"报表。当然，在左窗格中双击"输出档案"也可以预览报表。

五、操作题

利用实验一操作题"商场"数据库中的3张表，完成以下操作。

1．单表查询

① 查询供货商中所有新供货商的信息，取名"新供货商"。

② 输入供货商编号，查询其单位名称和联系电话，取名"按供货商编号查询"。

③ 查询商品单价超过1000元的商品号、商品名及单价，取名为"单价超千"。

④ 查询商品表中的信息，要求以"供货商编号"为主要关键字、"单价"为次要关键字进行排序，取名为"供货商价格序"。

2．使用SQL建立单表查询

① 查询供货商中所有老供货商的信息，取名"老供货商"。

② 查询联系电话是"0571"开始的供货商信息，取名"杭州供货商"。

③ 查询商品单价在1000元至3000元之间的商品号、商品名及单价，并要求以"供货商编号"为主要关键字、"单价"为次要关键字进行排序，取名"1000～3000元的商品"。

④ 查询2012-3-13的销售情况，即商品号及数量，取名"某天销售"。

提示：电话为0571开始可以表示为"LEFT(联系电话，4)="0571""，日期用#2012-3-13#表示。

3．使用SQL或设计视图建立多表查询及统计查询

① 查询商品供货单位，即查询以下信息：商品号、商品名、单价、（对应的供货商）单位名称、联系电话，取名为"商品供货单位"。

② 产生销售表，包含商品号、商品名、单价、数量、金额，取名"销售表"。

③ 产生各商品销售总数量的统计表，包含商品号、商品名、总数量（即每个商品仅一行，按商品号汇总），取名"销售总数量"。

④ 产生销售总表，包含商品号、商品名、单价、总数量、总金额，并按总金额从高到低排序，取名"销售总表"。

提示：汇总操作可参考图 6.33，④可以用②的"销售表"查询结果为基础。

4．创建窗体

窗体 1 为主窗体，有 3 个命令按钮，分别打开窗体 2、窗体 3、窗体 4。窗体 2 用于显示"供货商"表中的记录，窗体 3 用于添加"商品"表中的记录，窗体 4 用于浏览在第 3 题中④所操作的销售总表。

5．创建报表，报表内容为销售总表，并在窗体 4 中添加一个命令按钮，用于打印预览该报表。

六、实验报告

1．写出完成操作题的详细步骤。

2．附上经过各项操作的"学生"、"教师"及"商场"数据库，以电子文档提交。

第 7 章　网络相关操作

实验一　网络相关基本操作

✿ 组建对等网络
✿ 使用 Internet Explorer 浏览器
✿ 收发电子邮件
✿ 搜索引擎的使用技巧
✿ 无线路由器的设置

实验二　网页制作初步

✿ 认识 HTML
✿ 熟悉常用标签并编辑文档
✿ 创建网站
✿ 创建网页

随着网络技术的发展和宽带接入的普及，计算机网络早已渗透到普通百姓的日常工作和生活中，了解和学习计算机网络的基本操作不仅是工作所需，也将成为休闲娱乐之必备。

实验一 网络相关基本操作

一、实验目的

1．熟悉 Windows 7 的网络组建及各参数的设置，掌握建立对等网络的方法。
2．熟悉路由器的设置。
3．熟悉 Internet Explorer（IE）浏览器的使用方法。
4．熟悉 E-mail 的收发操作。
5．了解搜索引擎的使用技巧。

二、实验任务与要求

1．配置网卡并观察网络硬件的连接方法，完成对等网络的组建和测试。
2．熟练使用 IE 浏览网页，进行常规设置。
3．利用 Foxmail 软件收发电子邮件。
4．利用搜索引擎查询信息。

三、知识要点

1．协议

协议就是一种规则，是网络上的计算机在相互通信的过程中必须遵守的统一规则。没有协议，通信将无法进行。

TCP/IP（Transfer Control Protocol/Internet Protocol，传输控制/网际协议）是 Internet（国际互联网）的基础，虽然从名字上看 TCP/IP 只包括两个协议，但实际上是一组协议，包括很多各种功能的协议，如远程登录、文件传输和电子邮件等。其中的 TCP 和 IP 是保证数据完整传输的两个基本的重要协议。

FTP（File Transfer Protocol，文件传输协议）是 TCP/IP 网络上两台计算机传送文件的协议，可以从远程 FTP 服务器中将文件下载到本地计算机上，也可以把本地计算机中的文件上传到远程 FTP 服务器中，以达到资源共享和传递信息的目的。

SMTP（Simple Mail Transfer Protocol，简单邮件传输协议）是一组用于由源地址到目的地址传送邮件的规则，用来控制信件的中转方式。SMTP 帮助每台计算机在发送或中转信件时找到下一个目的地。通过 SMTP 指定的服务器，我们就可以把 E-mail 发送到收信人的服务器上。SMTP 服务器是遵循 SMTP 的发送邮件服务器，用来发送或中转用户发出的电子邮件。

POP（Post Office Protocol，邮局协议）是一种只负责接收邮件的协议，不能发送邮件。一般使用的是版本 3，也就是经常说的 POP3。

IMAP（Internet Mail Access Protocol，交互式邮件存取协议）是斯坦福大学在 1986 年研发的一种邮件获取协议，主要作用是邮件客户端可以通过这种协议从邮件服务器上获取邮件的信息，下载邮件等。它与 POP3 协议的主要区别是，用户可以不用把所有的邮件全部下载，而是通过客户端直接对服务器上的邮件进行操作。

2．IP 地址

为了使接入网络上众多的计算机主机在通信时能够相互识别，它们都被分配了一个唯一的 32 位地址（二进制数），被称为 IP 地址。在 IPv4 中，IP 地址被分为 4 段，每段 8 位，为了方便人们使用，采用十进制数表示，每段数的可取值为 0～255，各数之间用"."分开，如 202.103.8.46。

3．子网掩码

IP 地址在设计时考虑到地址分配的层次特点，将每个 IP 地址都分成网络号和主机号两部分，以便于 IP 地址的寻址操作。那么，IP 地址的网络号和主机号各是多少位呢？这就需要通过子网掩码来指示。子网掩码是一种位掩码，用来指明一个 IP 地址的哪些位标识了主机所在的子网，以及哪些位标识的是主机。子网掩码不能单独存在，必须结合 IP 地址一起使用。

4．网关

网关又叫协议转换器，是一种复杂的网络连接设备，可以支持不同协议之间的转换，实现不同协议网络之间的互连。

5．域名与 DNS

Internet 域名是网络上的一个服务器或一个网络系统的名字。从技术上讲，域名只是一个网络中用于解决 IP 地址对应问题的一种方法，用域名记忆某个服务器地址比记忆对应的 IP 地址方便得多。要使网络上的域名与 IP 地址一一对应，DNS（Domain Name System，域名系统）是必不可少的，因为域名虽然便于人们记忆，但计算机之间只能互相识别 IP 地址，IP 地址与域名之间的转换工作被称为域名解析。域名解析需要由专门的域名解析服务器来完成，即 DNS（Domain Name Server，域名服务器）。

6．URL

URL（Uniform Resource Locator）称为统一资源定位符。对于 Internet 来说，URL 就像微机中的一个文件和它所在的路径一样，完整地描述了超文本的地址。这种地址可以在本地磁盘中，也可以是网络上的站点。

一个完整的 URL 包括主机名、路径名和文件名，还包括访问所采用的协议。

URL 的一般格式如下：

　　　访问协议://主机.域/路径/文件名

"访问协议"是指获取信息的通信协议。网络浏览器可以访问的资源有很多，每种资源都有自己的协议。例如，HTTP 代表超文本传输协议，它告诉浏览器要访问 WWW 服务器的资源。

"主机.域"代表主机（服务器）名，可以是域名，如 www.zju.edu.cn，开头 www 提示该主机可提供 WWW 服务，也是该主机的主机名。

"路径/文件名"是指信息资源在服务器上具体存放的文件目录和文件名。

URL 并不只限于描述 WWW 文档地址，还可以描述其他服务器的地址，如匿名访问的 FTP、Gopher、WAIS、Usenet news 和 Telnet 等。

7．端口

在网络技术中，端口有两种意思：一是物理意义上的端口，如 ADSL Modem、集线器、交换机、路由器等设备用于连接其他网络设备的端口（如 RJ-45 端口等）；二是逻辑意义上的端口，一般是指 TCP/IP 中的端口，端口号的范围为 0～65535，如用于浏览网页服务的 80 端口、用于 FTP

服务的 21 端口等。

8. 搜索引擎

搜索引擎是一种运用特定的计算机程序在互联网上搜集信息,按照一定策略对信息进行排列,并提供给用户的检索服务。搜索方式包括全文索引、目录索引、元搜索引擎、垂直搜索引擎、集合式搜索引擎、门户搜索引擎与免费链接列表等。

四、实验步骤与操作指导

【题目 1】 组建对等网络

对等网络(Peer to Peer,P2P)也称为工作组模式,是指网络中的各台计算机既可以作为服务器,又可以作为工作站,相互之间可以共享文件资源及其他网络资源,如打印机、文件夹等。对等网络是小型局域网常用的组网方式,其特点是对等性,即网络中的各计算机功能相似,地位相同,这与"域"有非常大的区别。在一个域中,有专门的计算机作为服务器,网络管理员使用服务器控制域中所有计算机的安全和权限。

对等网络一般适用于家庭或小型办公室中的几台或十几台计算机的互连。本实验需要安装有 Windows 7 操作系统的计算机若干,集线器(又称为 Hub)一台,RJ-45 双绞线若干。

1. 安装网卡和标识计算机

网络中的计算机是通过网卡、集线器和网线连接在一起实现相互通信的(若仅两台计算机互连,可以不用集线器),并且每台计算机要有自己的名称(即标识),以便在网络中相互区别。

❶ 安装网卡。由于 Windows 7 操作系统中内置了各种常见硬件的驱动程序,安装网络适配器(网卡)变得非常简单。对于常见的网卡,用户只需将其正确地安置在主板上,系统会自动安装其驱动程序,而无须用户手动配置。

❷ 单击"开始"按钮,右键单击"计算机",然后从弹出的快捷菜单中选择"属性",打开"系统"窗口。

❸ 单击"高级系统设置",弹出"系统属性"对话框,如图 7.1 所示。

❹ 选择"计算机名"选项卡,单击"更改"按钮,弹出"计算机名/域更改"对话框,如图 7.2 所示,根据需要修改计算机名,并输入要创建的工作组名。

图 7.1 "系统属性"对话框

图 7.2 "计算机名/域更改"对话框

❺ 单击"确定"按钮,关闭各对话框或窗口,重启后生效。

注意：连网的计算机需要一个共同的工作组名称，在 Windows 7 下默认的工作组名为"WORKGROUP"；每台连网的计算机都需要有一个在工作组内唯一的计算机名。

2．配置网络协议

网络协议规定了网络中各用户之间进行数据传输的方式，网卡驱动程序安装完成后，接下来需要配置网络通信协议。

❶ 单击"开始"菜单，选择"计算机"，在出现的资源管理器窗口的左窗格中右键单击"网络"，在弹出的快捷菜单中选择"属性"，打开"网络和共享中心"对话框。

❷ 单击"本地连接"，打开"本地连接 状态"对话框，如图 7.3 所示；单击"属性"，弹出"本地连接 属性"对话框，如图 7.4 所示。说明：不同的 Windows 7 版本会有所不同，或单击"更改适配器设置"，在出现的"网络连接"窗口中双击"本地连接"，打开如图 7.4 所示对话框。

图 7.3　"本地连接 状态"对话框　　　　图 7.4　"本地连接 属性"对话框

❸ 双击"Internet 协议版本 4（TCP/IPv4）"，打开"TCP/IPv4 属性"对话框。使用 TCP/IP 时，需要为每台主机分配一个在工作组网络中唯一的 IP 地址。一般局域网中的计算机，如果通过其他计算机连接 Internet，可以选择"自动获得 IP 地址"，也可以指定 IP 地址。在本实验的对等网络组建中，选择"自动获得 IP 地址"。

❹ 单击"确定"按钮，逐一关闭对话框，即可完成。

3．连接网络

将计算机和集线器摆放到合适位置后，需要将每台计算机与集线器进行连接。

❶ 在选定了合适长度的网线的两端分别做上相同的记号，通常使用数字编号的方式，这样可以方便区分每台计算机到集线器的连接线路，以利于以后的故障排除。

❷ 将网线的一端插入集线器的一个端口中，将另一端插入到计算机网卡的 RJ-45 端口中。

❸ 重复以上过程，将所有计算机都连接到集线器上。

❹ 打开所有计算机和集线器的电源，检查计算机和集线器的连接状况。如果连接正确，网卡上的指示灯应该亮起，同时集线器相应端口的指示灯也会亮起。

4．设置与访问共享文件夹

在对等网络中，实现资源共享是其主要目的，设置共享文件夹是实现资源共享的常用方式。在 Windows 7 中，设置共享文件夹可执行下列操作（如图 7.5 所示）。

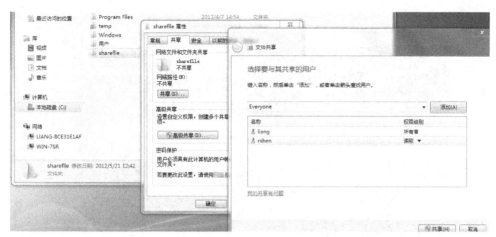

图 7.5 设置共享文件夹

❶ 在"开始"菜单中选择"计算机",在出现的窗口的右窗格中选择要共享的文件夹。

❷ 右键单击要共享的文件夹,在弹出的快捷菜单中选择"属性",打开对应文件夹的属性对话框。

❸ 选择"共享"选项卡,单击"共享"按钮,弹出"文件共享"对话框。

❹ 添加需要共享的用户,并在"权限级别"处单击下箭头,设置访问权限,再单击"共享"按钮。

❺ 在局域网其他计算机的资源管理器的地址栏中输入"\\计算机名"或"\\IP 地址",就可以访问刚才共享的文件夹信息。

❻ 如果需要经常访问某台计算机上的共享文件夹,可以右键单击该文件夹,然后选择"创建快捷方式",将快捷方式创建在桌面上,以后可以通过该快捷方式快速访问该共享文件夹。也可以选择"映射网络驱动器"命令,分配驱动器号后,把此共享文件夹当作自己的一个磁盘进行访问。

注意:单独的文件本身不能实现共享,文件的共享必须通过文件夹来实现。

【题目 2】使用 Internet Explorer 浏览器

Internet 是一个巨大的信息资源空间,这些信息涉及人们学习、工作和生活的方方面面。在建立与 ISP 连接之后,用户就可以享用 Internet 的各种服务了。其中的 WWW 服务之所以如此备受人们喜爱,主要是由于它采用了多媒体技术,是 Internet 上最有趣、最具创意、发展最快的服务。

WWW 服务采用的是客户 - 服务器(C/S)工作模式,主要由客户端、服务器和超文本传输协议(HTTP)三部分组成。

客户端的应用程序是 Web 浏览器,如 Internet Explorer(IE)浏览器、Netscape 浏览器等。浏览器程序为用户提供了一个可以轻松驾驭的图形化界面,可以方便地获取万维网的丰富信息资源。本实验教材使用 IE 浏览器。

1. 浏览网页、保存图片和网页、添加收藏

❶ 单击任务栏中的 IE 图标或双击桌面上的 IE 图标,打开 IE 浏览器。

❷ 浏览网页。在地址栏中输入浙江大学网址"http://www.zju.edu.cn",然后回车,将打开浙江大学主页,如图 7.6 所示。

图 7.6 浙江大学主页

在主页上方的导航栏中选择"校情总览",打开"学校概况"链接。使用鼠标滚轮,可以上下滚动显示网页全部内容;按键盘的↑、↓、PageUp、PageDown 键,也可以实现滚动或翻页;或者上下拖动窗口右侧滚动条上的滑块,也可以进行滚动翻页。

单击窗口上方的后退按钮 ,退回到浙江大学主页。

❸ 保存图片。右键单击主页上方的"浙江大学"图片,在弹出的快捷菜单中选择"图片另存为",保存该图片。

❹ 保存网页。在窗口右上方选择"页面"→"另存为"命令,保存当前网页。然后在"资源管理器"中可查看保存的内容。如果只要求保存网页中的文字,则可以在"保存网页"对话框的保存类型中选择"网页,仅 HTML"或"文本文件"。

❺ 添加收藏。单击窗口左上方的"收藏夹",选择"添加到收藏夹",打开"添加收藏"对话框,单击"新建文件夹"按钮,在"文件夹名"文本框中输入"学校",如图 7.7 所示;单击"创建"按钮,返回到"添加收藏"对话框;单击"添加"按钮,把当前网页添加到"学校"文件夹中。收藏是保存当前页面的 URL,以便今后从"收藏夹"中快捷进入网页浏览。

图 7.7 添加进收藏夹

2．设置 IE 浏览器

❶ 打开 IE 浏览器，单击"工具"→"Internet 选项"命令，打开"Internet 选项"对话框，如图 7.8 所示。

❷ 设置主页。在"常规"选项卡的"主页"地址栏中输入"http://www.zju.edu.cn"，将浙江大学设为主页。以后单击浏览器窗口工具栏上的 按钮或启动 IE 时，可以快速打开浙江大学主页。

❸ 删除历史记录。在"常规"选项卡中单击"删除"按钮，打开"删除浏览的历史记录"对话框，可以选择要删除的记录类型，删除历史记录。

❹ 设置"打印背景和图像"。切换到"高级"选项卡，如图 7.9 所示。选择"打印背景颜色和图像"复选框，单击"确定"按钮。

图 7.8 "常规"选项卡

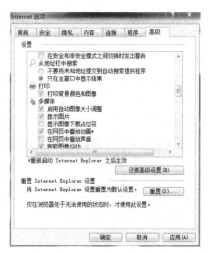

图 7.9 "高级"选项卡

在"高级"选项卡中还可进行取消"在网页中播放声音"、不"显示图片"（可加快下载速度）等设置。

❺ 设置代理。一些单位和部门，在单位内部通过代理访问 Internet。选择"连接"选项卡，单击"局域网设置"按钮，出现"局域网（LAN）设置"对话框，再勾选"为 LAN 使用代理服务器"复选框，在其下方输入代理服务器地址和端口号，单击"确定"按钮。这时在单位内部就可以访问 Internet 了，不过前提是，用户必须有相应的用户名和密码，需要进行安全认证。

其他选项卡均可以进行相应的设置，用户可以根据需要自行设定。

【题目3】收发电子邮件

电子邮件（E-mail）是 Internet 的一项重要服务。通过电子邮件，用户可以快速地与远方的朋友进行联系，可以与商业伙伴传输信息。我们可以使用基于 Web 的电子邮件服务，也可以使用从 Microsoft 或其他软件商下载或购买的电子邮件程序进行邮件收发，通常后者具有更多的功能，而且搜索起来更快。使用客户端软件收发邮件，登录时不用下载网站页面内容，速度更快，收到的和曾经发送过的邮件都保存在自己的计算机中，不用上网就可以对旧邮件进行阅读和管理。

目前，用于收发电子邮件的软件很多，如 Foxmail、Microsoft Outlook、Windows Live Mail 等。Foxmail 是一款中文版电子邮件客户端软件，支持全部的电子邮件功能，是近年来最著名、最成功的国产软件之一。Foxmail 的设计优秀、体贴用户、使用方便，提供全面而强大的邮件处理功能，具有很高的运行效率，赢得了广大用户的青睐。

在使用并设置电子邮件程序之前，需要从 ISP（互联网服务提供商）获得一些信息，通常包括电子邮件地址、密码、发送和接收电子邮件的服务器名称及其他详细信息。

1．Foxmail 的下载和安装

Foxmail 的下载地址：http://www.foxmail.com/。

Foxmail 的安装过程非常简单，只需运行安装程序后，不断地单击"下一步"按钮，就可以完成安装。建议 Foxmail 安装在"D:\Foxmail"文件夹下。

2．建立第一个账户

Foxmail 安装完毕，第一次运行时，系统会自动启动向导程序，来添加第一个邮件账户。

❶ 在向导弹出的"新建帐号"对话框中输入已有的 E-mail 地址，如 abc@XXX.XX，以及密码，如图 7.10(a)，单击"创建"按钮。

❷软件会根据用户的 E-mail 地址自动识别服务器类型、IMAP 服务器和 SMTP 服务器，可以不修改，如图 7.10(b)所示。如果在私人计算机上使用，可以输入密码并保存，否则不建议保存。

❸ 单击"创建"按钮，即可完成设置，如图 7.10(c)所示。

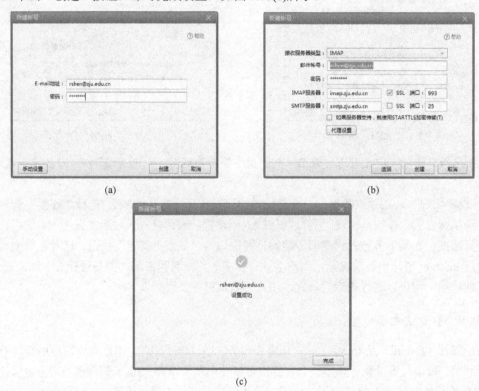

(a)　　　　　　　　　　　　　　(b)

(c)

图 7.10　账号设置

以后在使用 Foxmail 的过程中，也可以随时添加账号。

3．邮件的接收

如果在建立账户过程中填写的信息无误，网络连接正常，接收邮件将非常简单，具体步骤如下：运行 Foxmail，选中账户，单击工具栏的"收取"按钮。如果设置时没有填写密码，此时系

统会提示输入邮箱密码。接收过程中会显示进度条和邮件信息提示。

注意：如果可以上网但不能正常收取邮件，应该检查用户账户设置是否正确，选中某个账户，然后单击"工具"菜单的"帐号管理"命令，打开"帐户管理"对话框，检查用户账户设置。

4．撰写邮件和发送

❶ 选中账户，单击工具栏上的"写邮件"按钮，打开写邮件窗口。

❷ 在"写邮件"窗口上方的"收件人"栏中填写邮件接收人的 E-mail 地址。如果需要把邮件同时发给多个收件人，可以用英文逗号","或分号";"分隔多个 E-mail 地址。在"抄送"栏中填写其他联系人的 E-mail 地址，邮件将抄送给这些联系人。如无抄送，也可以不填写。

如果要发给地址簿中已经登记的收件人，可以在"写邮件"窗口中单击收件人文本框左侧的" 收件人: "按钮，打开"选择地址"对话框，从中选择"地址簿"中已有的一个或多个收件人。单击对应的按钮，可以分别放入"收件人"、"抄送"或"暗送"列表框中。单击"确定"按钮，这些地址就会自动加入到"写邮件"窗口的"收件人"、"抄送"或"暗送"栏中。

❸ 在"主题"栏中填写邮件的主题。邮件的主题相当于邮件内容的题目，可以让收信人大致了解邮件的内容，也可以方便收信人管理邮件。可以不填写，不填写往往会被当成垃圾邮件，所以建议填上。

❹ 如果邮件中需要插入附件，选择"插入"→"添加附件"命令，再选择磁盘中的文档加入邮件中。

❺ 写好邮件后，单击"写邮件"窗口中工具栏的"发送"按钮，即可立即发送邮件。

5．日程管理

所有的会议请求、工作事务都可以在日历中查看和管理，可以新建个人事务，包括任务、约会或备忘、提醒，也可以发起会议。同时，发送和收到的会议请求也可以在日历中一目了然，还可以按照一天、一周、一月来查看日程安排。

❶ 单击左侧窗格中的"日历"，打开如图 7.11 所示的日历窗口。

图 7.11　日历窗口

❷ 在日历某个日期上单击右键，在弹出的快捷菜单中选择"新建事务"，弹出"事务"窗口，如图 7.12(a)所示，填入各项信息，单击"保存"按钮。在日历中即可看见该项事务。

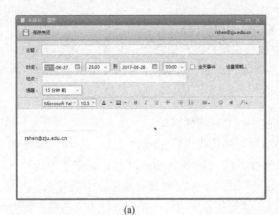
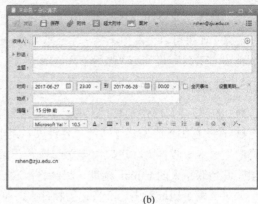

| (a) | (b) |

图 7.12　"事务"窗口

❸ 在快捷菜单中选择"发起会议",则弹出"会议请求"窗口,如图 7.12(b)所示,填写收件人等信息,向邮件接收者发出会议的请求,单击"发送"按钮。

【题目 4】搜索引擎的使用技巧

Internet 上的信息浩如烟海,网络资源无穷无尽,如何快速地找到所需要的资源是摆在用户面前的一个大问题,利用 Internet 上的搜索引擎可以解决这个问题。

目前,最常用的搜索引擎主要有百度(http://www.baidu.com)和谷歌(http://www.google.com)等。图 7.13 为百度和谷歌的标志,它们都属于全文搜索引擎。全文搜索引擎是一种真正的搜索引擎,从互联网上搜集各网站的信息,并将其放入数据库中,根据用户的查询条件,计算与其匹配的记录的相关系数,并按一定策略排列后,将结果返回给用户。

图 7.13　百度和谷歌搜索引擎图标

下面以百度为例,介绍搜索引擎的使用方法。

1. 基本用法

例如,查询"计算机网络"的简介。

❶ 在浏览器地址栏中输入百度主页网址 http://www.baidu.com,打开后如图 7.14 所示。

图 7.14　百度界面

❷ 在搜索框中输入"计算机网络",单击"百度一下"按钮。

❸ 返回搜索结果,如图 7.15 所示。

图 7.15　搜索结果

❹ 在搜索结果中，可以选择希望浏览的内容。

2．更多应用

搜索引擎除了提供常规的网页、新闻、MP3 等搜索外，还提供其他更多服务。单击百度主页中的"更多"链接，其中包括了众多的应用，如地图、翻译等。

（1）寻找从萧山机场前往浙江大学紫金港校区的驾车路线

❶ 进入百度主页 http://www.baidu.com，单击"地图"链接，进入百度地图界面。

❷ 在搜索框中输入"萧山机场"，如果本地计算机不在杭州，则应输入"杭州萧山机场"，单击"百度一下"按钮。

❸ 出现搜索结果，如图 7.16 所示。

图 7.16　地图搜索结果

单击目标，在弹出如图 7.17(a)所示的小窗口中选择"从这里出发"，在终点处填入"浙江大学紫金港校区"，单击"驾车"按钮，返回路线结果，如图 7.17(b)所示，则地图中标出了起点、终点的线路和主要路段等。

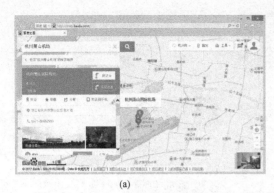

(a)   (b)

图 7.17　搜索路线结果

（2）翻译

❶ 进入百度主页 http://www.baidu.com，在窗口中单击"更多"链接，在"全部服务"中找到并进入"百度翻译"，如图 7.18 所示。

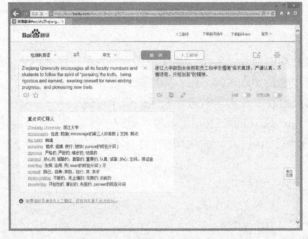

图 7.18　"百度在线翻译"界面

❷ 在"请输入要翻译的文字内容或者网页地址"的搜索框中输入：

    Zhejiang University encourages all its faculty members and students to follow the spirit of "pursuing the truth，being rigorous and earnest，exerting oneself for never-ending progress，and pioneering new trails". In short, the university motto is "Seeking the Truth and Pioneering New Trails".

然后单击"百度翻译"按钮。

❸ 翻译工具会自动检测语言，在页面的右侧将显示翻译的结果。

注意：① 在使用搜索引擎时，应根据搜索的需要选择不同的搜索工具，因为每种搜索工具都有其专注的方面，如 Yahoo 就是分类搜索引擎，可用于主题类的搜索。如果搜索一篇特定的文章，就要用 Google 或百度这样的全文搜索引擎。

② 搜索时，应选择合适的关键字，或使用多个关键字的组合搜索，能更精准地确定搜索内容。

【题目 5】无线路由器的设置

随着越来越多的移动终端的出现，无线上网的需求在不断增多，因此随着路由器技术的发展，无线路由器越来越多地出现在我们的生活中。无线路由器是一种带有无线覆盖功能的路由器，主要方便用户上网和无线覆盖。例如，我们的笔记本电脑、支持 Wi-Fi 功能的手机、PDA 等移动终端需要随处都可以接入网络，此时无线路由器就可以发挥它的作用，可以将宽带网络信号通过天线转发给附近的无线网络设备。当然，无线路由的功能也不只限于此，还包括网络地址转换（NAT）功能，支持局域网用户的网络连接共享、无线网络中的 Internet 连接共享等。

1. 认识无线路由器

现在市面上的无线路由器品种繁多，外形令人眼花缭乱，不过对于一般家庭使用的无线路由器来说，我们需要认识其背面的各接口以及指示灯的作用。图 7.19 是一个无线路由器的示意，一般包括 Reset 按钮、电源插口、WAN 接口、若干个 LAN 接口。指示灯一般在无线路由器正面，各指示灯的含义分别为：电源连接成功，PWR 灯将恒亮绿色；SYS 灯闪烁表示系统运行正常，若恒亮或不亮，则代表设备故障；WLAN 灯恒亮表示无线网络已就绪，闪烁表示有资料在无线传输；1～4 号灯恒亮，表示已正确接入计算机网络端口，闪烁表示有资料在传输；WAN 灯恒亮，表示宽带已正常接入 WAN 接口，闪烁，表示有资料在传输。

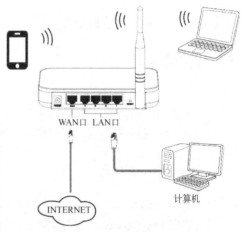

图 7.19　无线路由器连接示意

2. 物理连接

❶ 准备好相关设备，如无线路由器、连接用的双绞线。

❷ 将电源接头接上无线路由器背面的电源孔，然后将另一端插入电源插座。

❸ 用双绞线将宽带连接出口和无线路由器背面的 WAN 接口相连，再用双绞线（网络线）将计算机网络端口与局域网端口（LAN）任意一个端口连接。完成连接设定之后，无线路由器的指示灯应该为：PWR 灯，恒亮；SYS 灯，约每秒闪烁一次；WAN 灯，不定时闪烁；WLAN 灯，闪烁；有接入的 LAN 指示灯，闪烁。

3. 路由器参数设置

不同厂家的路由器在设置时可能有所不同，一般可以按以下步骤设置。

❶ 打开浏览器，在网址栏中输入"192.168.1.1"，然后进入路由器设置主页，在弹出的登录窗口中输入用户名和密码（通常用户名和密码皆为 admin）。

❷ 进入路由器设置界面，可以使用设置向导进行按步设置，主要包括：

❖ 上网方式的选择——让路由器自己选择、PPPOE、动态 IP、静态 IP。

❖ 设置上网参数——包括上网的账户和口令。

❖ 设置无线参数——为了保证无线网络的安全，可以设置使用无线网络的密码。

除了快捷的向导设置方式外，各参数也可以根据需要单独设置。

4. 终端设备的无线连接设置

完成物理连接和参数设置后，对于需要进行无线连接的计算机或其他终端设备还需要进行无线连接设置。在网络列表中选择路由器的无线网络名称，单击"连接"按钮，如果在路由器参数中设置过密码，此时需要输入相应的密码才能接入该无线网络。

五、操作题

1. 利用两台计算机组建一个对等网络。
2. 使用 Foxmail 向班级同学发出班会请求的邮件。
3. 利用搜索引擎寻找关于计算机发展历史的相关资料。

实验二　网页制作初步

一、实验目的

1. 了解 HTML 的基础知识。
2. 熟悉 Dreamweaver 的操作环境。
3. 掌握 Dreamweaver 创建网页的基本操作。

二、实验任务与要求

1. 使用 Dreamweaver 创建个人网站。
2. 使用 Dreamweaver 创建名为 index.html 的个人主页。
3. 在个人主页中添加图片、文字、表格、水平线、列表等。
4. 添加超链接，实现页内、网页间的超链接。
5. 修改网页标题，添加背景颜色，插入背景音乐和视频等。

三、知识要点

1. HTML

HTML 即超文本标记语言（HyperText Markup Language），使用标签来指示 Web 浏览器应该如何显示网页元素（如文本和图形），以及指示 Web 浏览器应该如何响应操作（如通过按键或鼠标单击启用超链接）。

2. 网页及网页元素

网页（Web Page）是构成网站的基本元素，是一个或多个文件，可以通过浏览器解释网页的内容，并展示出来。

构成网页的最基本元素是文本和图片。通过文本，可以准确地表达所要传递的信息；通过设置文本的字体、字型、大小、颜色、对齐方式等，可以进一步美化页面。图片的表达则更直观，同时可以起到装饰网页的作用。另外，动画、视频、音频也能进一步丰富网页的内容，超链接则可以很好地实现各网页之间的跳转，表单元素可以架起访问者与网站交互的桥梁。

3. 超链接

超链接是 Web 中最主要和最重要的技术，也是 WWW 能够流行的主要原因。一个网站由若干单独的网页文件组成，这些单独的网页由超链接结合起来，形成一个紧密联系的整体。

超链接可以在网页间保持联系，也可以通过书签链接到本页或其他页的特定位置，还可以创建图像映射（即一张图片包含一个或多个超链接，如地图上的超链接）。

4. Dreamweaver 站点

站点是存放属于网站所有文档的地方，可以分为本地站点和远程站点。本地站点位于本地计算机，远程站点则位于 Web 服务器中。在使用 Dreamweaver 制作网页前，需要先在本地创建一个站点，将不同类型、用途的文件存放到站点中的不同文件夹下，这样就可以更好地进行管理，从整体上把握网站全局。当站点制作完毕，通过测试，确保网站没有断链或其他问题后，就可以发布网站了。

5. Dreamweaver CS5 的工作界面

（1）工作区布局

Dreamweaver CS5 提供了 3 种工作区布局：设计器、编码器和双重屏幕。其中的设计器工作区布局如图 7.20 所示。

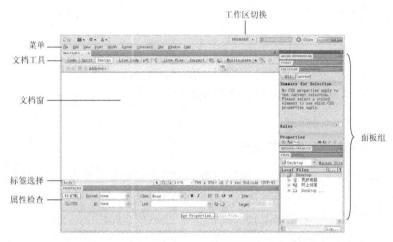

图 7.20　Dreamweaver CS5 设计器工作区布局

（2）视图

Dreamweaver CS5 在文档窗口中提供了以下几种视图模式，通过文档工具栏可以任意切换。

① 设计视图（Design）：显示网页的类似"所见即所得"版本的视图，可以在网页中插入文本、表单、图形、组件和其他项目。

② 代码视图（Code）：显示网页或文件的 HTML 代码和其他代码的视图。

③ 代码和设计视图（Split）：可同时显示代码和设计两个窗格，一个窗格用于编辑代码，另一个窗格显示此网页的类似"所见即所得"视图。

④ 实时视图（Live View）：与设计视图类似，但可以更逼真地显示文档在浏览器中的效果，不过在实时代码视图中不能编辑文档。

⑤ 实时代码视图（Live Code）：显示浏览器用于执行页面的实际代码，不可编辑。

四、实验步骤与操作指导

【题目 6】认识 HTML

要制作出精美的网页，除熟悉制作工具外，还需要熟练掌握 HTML。HTML 是一种用来制作超文本文档的简单而通用的标记语言，兼容各种操作系统平台。在网页的"设计"视图下，设计出来的网页页面基本上是"所见即所得"的，而浏览器通过网页中所包含的 HTML 标签来解析并显示网页页面的内容。

1. 利用记事本编写第一个简单的网页

❶ 选择"开始"菜单→"所有程序"→"附件"→"记事本"。

❷ 在"记事本"中输入以下内容：

```
<HTML>
    <HEAD>
        <TITLE>This is my first page</TITLE>
    </HEAD>
    <BODY>
        <p>欢迎光临我的主页！</p>
        <b>Welcome</b>
    </BODY>
</HTML>
```

2. 保存文件

在资源管理器中找到 firstpage.htm，双击 firstpage.htm，则自动启动 IE 浏览器（如果 IE 为默认浏览器）并运行该文件，如图 7.21 所示。

图 7.21　IE 中显示 firstpage.htm

【题目 7】熟悉常用标签并编辑文档

HTML 标签是包含在 "<>" 中的文本字符串，可以指定网页元素的类型、格式和外观，利用特定的标签可以产生特定的效果，可以规定 Web 文档的逻辑结构，并控制文档的显示格式。

HTML 标签一般有起始标签和结束标签两种，分别放在它起作用的文档两边。起始标签与结束标签非常相似，只是结束标签多了一个 "/"。有些标签只有起始标签而没有相应的结束标签，如换行标签，有些元素的结束标签可以省略，如分段结束标签</P>。标签名不区分大小写。

表 7.1 中列出了部分 HTML 常用标签。

1. 利用记事本编写包含超链接的网页代码，保存为 mypage1.htm

代码如下，然后运行之。

```
<HTML>
    <HEAD>
        <TITLE>超链接示例</TITLE>
    </HEAD>
    <BODY>
        我的导航
        <P><A HREF="http://www.zju.edu.cn">我的学校</A></P>
        <P><A HREF="http://www.hangzhou.gov.cn">所在城市</A></P>
        <P><A HREF="http://www.cs.zju.edu.cn/">我的专业</A></P>
        <P><A HREF="http://www.fa.org.cn/">我的爱好</A></P>
    </BODY>
</HTML>
```

2. 利用记事本编写以下包含表格的网页，保存为 mypage2.htm

代码如下，然后运行，观察效果。

表 7.1　HTML 常用标签

标　签	说　明
字符格式类	
`<b></b>`	粗体字
`<i></i>`	斜体字
`<font></font>`	改变字体设置
`<big></big>`	加大字号
`<small><small>`	缩小字号
区段格式类	
`<hi></hi>`	标签中的 i 为 1~6 的数字，可设置 6 级网页标题，数字越大，字号越小
`<hr>`	产生水平线
` `	强制换行
`<p></p>`	文件段落
列表类	
`<ul></ul>`	无编号列表
`<ol></ol>`	有编号列表
`<li></li>`	列表项目
`<dl></dl>`	定义列表
`<dd></dd>`	定义列表项目（内容）
`<dt></dt>`	定义列表项目（标题）
`<dir></dir>`	目录式列表
超链接	
`<a></a>`	定义超链接，通过使用 href 属性，创建指向另一个文档的链接
表格标签	
`<table></table>`	定义 HTML 表格
`<caption></caption>`	定义表格标题
`<th></th>`	定义表头
`<tr></tr>`	定义表格列
`<td></td>`	定义表格单元
多媒体标签	
`<img>`	嵌入图像
`<embed>`	嵌入多媒体对象
`<bgsound>`	设置背景音乐
表单标签	
`<form></form>`	定义表单区域
`<input>`	收集用户信息，可定义单行文本框、单选按钮 、命令按钮、复选框等
`<select></select>`	创建下拉列表区域
`<option></option>`	定义下拉列表中的项目

```
<HTML>
  <HEAD>
    <TITLE>表格示例</TITLE>
  </HEAD>
  <BODY>
    <TABLE BORDER="1" WIDTH="60%" ID="TABLE1" ALIGN="CENTER">
      <TR>
        <TD COLSPAN="3" ALIGN="CENTER">学生表</TD>
      </TR>
      <TR>
        <TD ALIGN="CENTER">姓名</TD>
        <TD ALIGN="CENTER">年龄</TD>
        <TD ALIGN="CENTER">专业</TD>
      </TR>
      <TR>
        <TD ALIGN="CENTER">张华</TD>
```

```
                    <TD ALIGN="CENTER">20</TD>
                    <TD ALIGN="CENTER">数学</TD>
                </TR>
                <TR>
                    <TD ALIGN="CENTER">李明</TD>
                    <TD ALIGN="CENTER">19</TD>
                    <TD ALIGN="CENTER">化学</TD>
                </TR>
            </TABLE>
        </BODY>
    </HTML>
```

在以上代码中，试着将 BORDER="1"改为 BORDER="4"，运行并观察效果。

【题目 8】创建网站

在使用 Dreamweaver 制作网页前，应该先在本地创建一个网站，这样可以更好地管理各种文件，从整体上把握网站全局。

新建一个网站，在 E 盘的"MyWeb"文件夹中保存网站内容，并显示。

❶ 启动 Dreamweaver，选择"站点（Site）"→"管理站点（Manage Sites）"，弹出"管理站点"对话框，如图 7.22 所示，单击"新建（New）"按钮。

❷ 弹出"站点设置对象"对话框，如图 7.23 所示，选择"站点（Site）"选项卡，在"站点名称（Site Name）"中输入"MyWeb"。

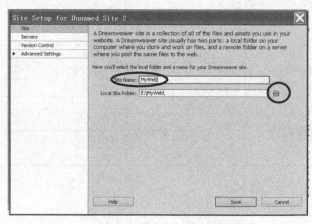

图 7.22 "管理站点"对话框　　　　　　图 7.23 "站点设置"对话框

❸ 单击"浏览"图标，创建要发布网站的位置"E:\MyWeb"。

❹ 单击"保存（Save）"按钮，更新站点缓存。

❺ 回到"管理站点"对话框，其中显示了新建的站点，如图 7.24(a)所示；单击"完成（Done）"按钮，在"FILES"面板中就可以看到刚创建的站点了，如图 7.24(b)所示。

【题目 9】创建网页

创建好站点之后，接着就可以创建网站的实体——网页了。在创建之前，首先在站点中新建一个用于存放图片的 image 文件夹，并把所需的图片存放到该文件夹下，即 E:\MyWeb1\image，然后完成主页设计。

174

(a)   (b)

图 7.24　完成站点创建

❶ 新建文件夹。在"FILES"面板中，右键单击站点，在弹出的快捷菜单中选择"新建文件夹"，然后输入文件夹名"image"。

❷ 单击"文件（File）"→"新建（New）"，打开"新建网页"对话框，单击"创建"按钮，新建一个新网页。

❸ 单击"文件（File）"→"保存（Save）"，打开"另存为"对话框，取名为"index.html"，将其保存在"E:\MyWeb"文件夹下。在"FILES"面板中可以看到该文件，如图 7.25 所示。

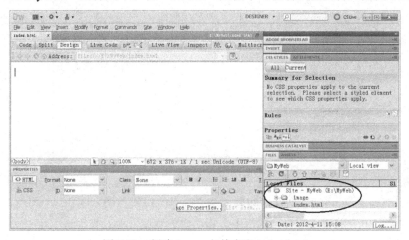

图 7.25　创建 image 文件夹和 index.html

❹ 在工作区中选择设计视图（Design）。

❺ 插入表格。表格是一种能有效地组织信息的方式。在 Web 页面中，格也被用来控制"空白区域"，即控制文字、图形和其他所有页面元素之间及其周围区域。表格可以无所不能地控制页面布局。

下面在空白网页中添加一个一行一列的表格。

<1> 将光标置于空白页面中，单击"插入（Insert）"→"表格（Table）"，出如图 7.26 所示的表格（Table）"对话框。

<2> 设置表格的各属性：行（Rows）为 1、列（Columns）为 1、表格宽度（Table width）为 1000、边框粗细（Border thickness）为 0（即显示时无边框）。

<3> 单击"确定（OK）"按钮，完成表格插入。

<4> 在屏幕左下方表格的"属性检查器（PROPERTIES）"中，将表格的对齐方式（Align）

设置为"居中（Center）"，如图 7.27 所示。

图 7.26 "表格（Table）"对话框

图 7.27 表格对齐方式设置

❻ 在表格中插入图片。

<1> 将光标置于表格中，选择"插入（Insert）" → "图像（Image）"，弹出如图 7.28 所示的"选择图像源"对话框。

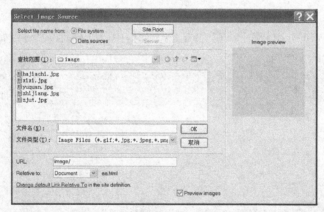

图 7.28 "选择图像源"对话框

<2> 选择"image/zjut.jpg"文件，然后单击"确定"按钮，插入图片。

<3> 在屏幕左下方的"属性检查器"中，将图像的宽度（W）修改为 1000，如图 7.29 所示。

图 7.29 图像宽度设置

❼ 在图片下方添加标题文字"欢迎光临我的个人主页"，设置文字居中，字体为"隶书"，字号为 24 磅，颜色为蓝色。

<1> 在图片下方输入文字"欢迎光临我的个人主页"。

<2> 选中文字，在属性检查器的"HTML"选项卡中选择"格式（Format）"下拉列表框中的"标题 1（Heading1）"选项，如图 7.30 所示。

<3> 在属性检查器中切换到"CSS"选项卡，单击"居中对齐"按钮，弹出"新建 CSS 规则"对话框，如图 7.31(a)所示，在"选择器名称"文本框中输入"head1"，然后单击"确定"按钮。

图 7.30　文字格式设置

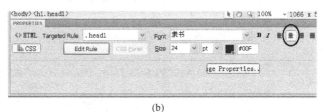

(a)　　　　　　　　　　　　　　　　(b)

图 7.31　标题文字 CSS 规则设置

　　<4> 将光标定位在标题文字中的任意位置，在属性检查器的"CSS"选项卡中，将字体设置为"隶书"，字号为 24 磅，颜色为蓝色，如图 7.31(b)所示。

　　❽ 在标题文字下面添加一条长度为浏览器宽度 95%的红色水平分隔线。

　　<1> 将光标放置标题文字末尾，单击"插入（Insert）"→"HTML"→"水平线（Horizontal Rule）"，插入水平线。

　　<2> 在水平线属性检查器的"宽度"文本框中输入 95，并在其后的下拉列表框中选择"%"。

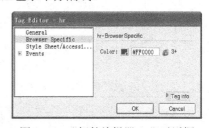

　　<3> 右键单击水平线，在弹出的快捷菜单中选择"编辑标签<hr>（Edit Tag）"命令，打开如图 7.32 所示的"标签编辑器-hr"对话框，在左侧列表中选择"浏览器特定的

图 7.32　"标签编辑器-hr"对话框

（hr-Browser Specific）"选项，单击颜色按钮，在调色板中选择红色，然后单击"OK"按钮。

　　<4> 保存网页，该效果需要在实时视图或浏览器中查看。

　　❾ 插入如图 7.33 所示的表格。

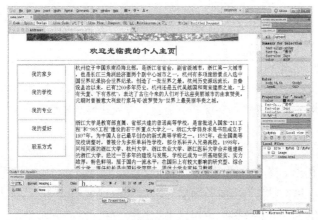

图 7.33　表格示例

<1> 光标移到水平线后，插入一个 1 行 2 列的表格。

<2> 在表格属性检查器中，设置宽度为 95%，边框粗细为 0。

<3> 将光标放置于左侧第一个单元格内，将"属性检查器"中的单元格"垂直（Vert）"方式设置为"顶端（Top）"，然后插入一个 5 行 1 列的表格。

<4> 在 5 个单元格中分别输入"我的家乡"、"我的学校"、"我的专业"、"我的爱好"、"联系方式"。设置这些文字的字体为宋体、24 磅、粉红色，单元格背景为粉绿色，如图 7.34 所示。

<5> 拖动表格线，调整单元格宽度到合适位置。

❿ 完成右侧单元格内容输入。

<1> 将光标放置在右侧单元格内，单击右键，在弹出的快捷菜单中选择"表格（Table）"→"拆分单元格（Split Cell）"，在弹出的对话框中选择"行（Rows）"，"行数（Number of rows）"设为 5，如图 7.35 所示，再单击"OK"按钮。

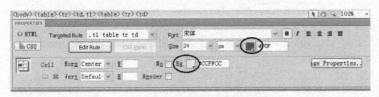
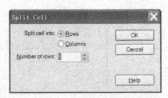

图 7.34　单元格文字、背景属性设置　　　　　图 7.35　拆分单元格对话框

<1> 在第 1 行单元格中输入介绍家乡的内容。

<2> 在第 2 行单元格中输入学校的介绍，并且插入一个 1 行 5 列的表格，在各单元格中分别插入一幅校园风景图，并调整图片大小及对齐方式等。

<3> 在第 3 行单元格中输入专业介绍。

<4> 在第 4 行单元格中以列表方式输入各项爱好，然后选中这些爱好，单击"属性检查器"中的"无符号列表"按钮，结果如图 7.36 所示。

图 7.36　无符号列表设置

<5> 在第 5 行单元格中输入"联系方式：aa@zju.edu.cn"。

⓫ 添加超链接。

1．添加锚点链接

锚记是用来标记文档中特定的位置，从而使访问者能快速地访问到锚记的位置，主要用于当前页面内容较多需多屏显示的场合。实现锚点链接，首先在网页中创建锚记，接着就是为锚记建立链接。

（1）创建锚记

<1> 将光标放置在关于家乡内容的段首文字"杭州"之前。

<2> 选择"插入（Insert）"→"命名锚记（Named Anchor）"，弹出"命名锚记"对话框。

<3> 输入名称"s1"，单击"OK"按钮。

<4> 重复以上操作，为"我的学校"、"我的专业"、"我的爱好"和"联系方式"等内容设置不同的锚记。

（2）建立链接

<1> 选择"我的家乡"。

<2> 在属性检查器的"HTML"选项卡上，在"链接（Link）"文本框中输入"#s1"，如图 7.37 所示。

图 7.37　创建锚记链接

<3> 重复以上操作，为"我的学校"、"我的专业"、"我的爱好"和"联系方式"建立链接。

2．添加文本链接

<1> 选择学校介绍中的文字"浙江大学"。

<2> 在属性检查器的"HTML"选项卡的"链接"文本框中输入"http://www.zju.edu.cn"。

<3> 在"Target"列表框中选择（或输入）"_new"（链接的页面将以新窗口方式打开），如图 7.38 所示，单击"OK"按钮，完成设置。

图 7.38　文本链接属性设置

创建超链接，也可以选择"插入（Insert）"菜单的"超链接（Hyperlink）"，弹出"超链接"对话框，设置各参数，完成链接操作。

3．添加邮件链接

选中文字"aa@zju.edu.cn"，选择"插入（Insert）"菜单→"电子邮件链接（E-mail Link）"，弹出如图 7.39 所示的"电子邮件链接"对话框，输入邮件地址，单击"OK"按钮。

或者在属性检查器的"HTML"选项卡上，在链接文本框中输入"mailto:aa@zju.edu.cn"。

图 7.39　电子邮件链接

❿ 修改网页标题

网页标题显示在 IE 浏览器的标题栏中，设置步骤如下。

<1> 单击属性检查器的"页面属性（Page Properties）"按钮，弹出如图 7.40 所示的"页面属性"对话框。

<2> 单击左侧的"标题（Title）/编码（Encoding）"选项，在"标题（Title）"文本框中输入"我的主页"，单击"OK"按钮。

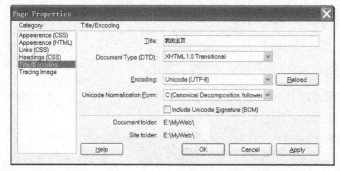

图 7.40　修改网页标题

⓭ 设置网页背景

<1> 单击属性检查器的"页面属性"按钮，弹出"页面属性"对话框（见图 7.40）。

<2> 单击"外观（Appearance (CSS)）"选项，在"背景图像（Background image）"文本框中输入"image/bg.jpg"，在"重复（Repeat）"下拉列表中选择"repeat（平铺）"，如图 7.41 所示，再单击"OK"按钮。

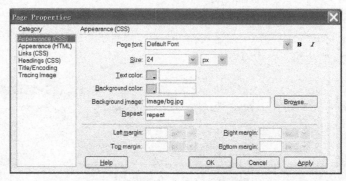

图 7.41　设置网页背景

⓮ 添加背景音乐

<1> 选择"插入（Insert）"菜单→"媒体（Media）"→"插件（Plugin）"，弹出"选择文件（Select File）"对话框，从中选择音频文件，如图 7.42 所示。

<2> 单击"OK"按钮，在文档窗口中出现插件图标。

<3> 选中插入的插件，打开属性面板，从中进行相应设置。单击属性检查器中的"参数（Parameter）"按钮，打开"Parameter"对话框，如图 7.43 所示。

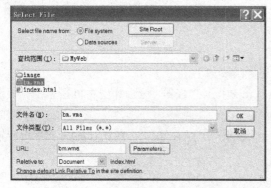

图 7.42　"选择文件"对话框

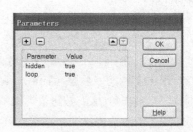

图 7.43　插件参数设置

在"Parameters"（参数）列中输入"hidden"，其 Value（值）为"true"，该参数可隐藏插件图标。单击"+"按钮，增加一行，在"Parameters"列中输入"loop"，其"Value"为"true"，该参数可设置重复播放背景音乐。单击"OK"按钮。

⓯ 选择"文件（File）"→"保存（Save）"命令，保存当前网页文件。

⓰ 按 F12 键，可以打开浏览器浏览网页效果。

五、操作题

根据收集的一些关于自己家乡的图片和文字等素材，制作一个包含有多种网页元素的、介绍家乡的网页。

第8章 其他常用软件操作

✿ 压缩软件 WinRAR 的使用
✿ 制作和阅读 PDF 文档
✿ 刻录数据 CD 和音乐 CD
✿ 创建 ISO 文件和使用虚拟光驱
✿ 利用 Visio 作图
✿ 数字笔记本 OneNote 的基本使用
✿ 使用"美图秀秀"处理图片

在计算机的使用过程中，用户会常常用到一些其他软件，如压缩工具、音频播放、影视播放、网络聊天、图像浏览、阅读工具、电子词典、光盘刻录、虚拟光驱使用等软件。如果工作或学习需要，还有可能用到数字笔记本 OneNote 软件、创建图表的 Visio 软件等。

在本章的实验中，要求用户掌握一些常用软件的使用，同时了解一些工具软件。一些娱乐类软件、翻译类软件对读者来说，容易快速入门，或通过其帮助文档就可以掌握它们的使用，本实验几乎不再包含它们。

软件的安装具有共性，一般只要运行其对应的 Setup.exe 或 AutoRun.exe 等安装文件，然后按照提示一步一步地运行下去，直至完成。所以，这里主要介绍软件及其使用。

一、实验目的

掌握压缩软件 WinRAR、阅读器 Adobe Acrobat Reader DC、ISO 文件制作软件 WinISO、虚拟光盘使用软件 Daemon Tools 的基本使用；了解光盘刻录、创建图表软件 Visio、数字笔记本软件 OneNote 和图片处理软件"美图秀秀"。

二、实验任务与要求

1．利用 WinRAR 压缩文件、释放文件、创建自释放文件。

2．利用 Adobe Acrobat Reader DC 浏览、打印、选择 PDF 文件文档；利用 Office 软件创建 PDF 文档。

3．利用 WinISO 制作 ISO 镜像文件。

4．利用 Daemon Tools 打开虚拟光驱的镜像文件。

5．实现光盘的刻录。

6．使用 Visio 绘制程序流程图。

7．使用 OneNote 创建数字笔记本。

8．使用"美图秀秀"进行图片的简单处理。

三、知识要点

1．压缩软件

资源是无限的，但是 U 盘、硬盘的存储空间是有限的，为了节省空间，一些文件常常是通过压缩来保存的；为了加快网络传送速度，一些在网络上传送的文件往往使用压缩文件。压缩有许多种格式，如 ZIP、RAR、ARJ 等，其中 ZIP、RAR 是流行的压缩格式。

国内常用的压缩工具有 WinZIP、WinRAR、快压和 2345 好压等，大部分用户的机器上也都安装了这些软件之一。WinRAR 是最好的压缩工具之一，界面友好，使用方便，在压缩率和速度方面都有很好的表现，压缩率比 WinZIP 要高。

2．电子书与电子阅读软件

（1）电子书

电子书，即 Electronic Book，简称 eBook，是利用现代信息技术创造的全新出版方式，将传统的书籍出版发行方式以数字化形式通过计算机网络实现。

电子读物及电子图书存在的格式有很多种，电子阅读软件是用户阅读电子图书必不可少的工具。各类电子图书由于版权等种种原因，往往采用特殊的格式，因此阅读这些电子图书需要专门的阅读器，如超星阅览器（SSReader）、Adobe Reader 或 Adobe Acrobat Reader DC 等。

（2）电子阅读软件

超星阅览器（SSReader）是超星公司专门针对数字图书的阅览、下载、打印、版权保护和下载计费而研究开发的图书阅览器。经过多年改进，SSReader 有多个版本，是国内外用户数量最多的专用图书阅览器之一。

Adobe 系列产品由美国 Adobe（著名的图形图像和排版软件生产商）公司开发，Adobe Acrobat Reader DC 可以查看、阅读、打印 PDF（Portable Document Format，便携文件格式）格式的文档。PDF 格式与操作系统无关，是网络上电子文档发行和传播的理想文档格式，能够保存任何源文档的所有字体、字型、格式、颜色和图形，而不管创建该文档所使用的应用程序和平台。PDF 格式文件还可以包含超文本链接、声音和动态影像等电子信息。它的优点在于支持特长文件，而且这种格式的电子读物美观、便于浏览、安全性高。任何人都可利用免费的 Adobe Acrobat Reader DC 软件浏览和打印 Adobe PDF 文档。

如果要制作 PDF 文档，可以使用 Adobe Acrobat 软件。Office 2010 也支持 PDF 文档的创建。

3. 电子词典或翻译类软件

电子词典是人们学习和工作中不可缺少的工具之一，是指将传统的辞典中的内容转换为数字格式加以保存。用户使用时只需通过键盘输入需要查询的条目，便可以找到相关条目的解释并显示。比如，当输入一个英文单词后便可以找到该单词的中文解释、音标，有的产品还可以进行实际的发声演示。同样的道理，输入一个中文字或词组也能够查到大致的英文单词。

在计算机上使用的电子词典或翻译类软件有很多，有金山词霸、有道英语、LINGOES 英语、Google 翻译、百度翻译等。

4. 刻录

刻录也叫烧录，就是把想要的数据通过刻录机等工具刻录到光盘等介质中加以保存。

Windows Media Player 可以刻录数据光盘或音乐 CD，见后面的实验（题目 3）。

刻录软件 Nero 包含多个组件，可以制作 CD 和 DVD 等，烧录的可以是资料 CD、音乐 CD、Video CD、Super Video CD 或 DVD，并且可以把 APE 音乐刻录成 CD。APE 是一种无损压缩音频技术，将压缩后的 APE 格式还原，与压缩前的一模一样，没有任何损失。

5. 镜像文件

镜像文件与 ZIP 压缩包类似，是将一系列文件按照一定的格式制作成一个文件，方便用户下载和使用。镜像文件可以被特定的软件识别并可直接刻录到光盘上。镜像文件中还可以包含更多的信息，如系统文件、引导文件、分区表信息等，甚至包含一个分区或一个硬盘的所有信息，使用这类镜像文件的经典软件就是 Ghost。事实上，镜像文件往往是光盘的"提取物"。

ISO 文件其实就是光盘的镜像文件，刻录软件可以直接把一些 ISO 文件刻录成可安装的系统光盘，ISO 文件一般以 .iso 为扩展名。

WinISO 是镜像文件处理工具之一，可以从 CD-ROM 中创建 ISO 镜像文件，或为硬盘上的某些文件（文件夹）创建成一个 ISO 镜像文件。WinISO 也可以将其他格式的镜像文件转换为标准 ISO 格式，还可以轻松实现镜像文件的添加、删除、重命名、提取文件等操作。

如果只想读取 ISO 文件中的内容，则可以用 WinRAR 3.0 以上打开 ISO 文件，并对其解压。

6. 虚拟光驱

虚拟光驱是一种模拟 CD-ROM 工作的工具软件，直接在硬盘上运行。虚拟光驱可以让人感觉到与计算机上安装了真正的光驱一样，真正光驱能做的事虚拟光驱同样能做。它的工作原理是先虚拟出一部或多部虚拟光驱后，将存放在硬盘的光盘镜像文件放入虚拟光驱中来使用。所以，即使用户的计算机（特别是一些笔记本电脑）没有光驱，也可以像有光驱一样使用。

也就是说，如果硬盘上存放了某光盘的镜像文件，日后要启动其中的应用程序时，不必将真正的光盘放在光驱中，只需要启动虚拟光驱工具软件后，进行简单设置，镜像文件立即装入虚拟光驱中运行，既快速又方便。

DAEMON tools 是虚拟光驱工具之一，可在 Windows 环境下运行，可以打开 CUE、ISO、CCD、BWT、CDI、MDS 等镜像文件。

7. Visio 软件

Visio 是 Microsoft Office 组件之一，是一种矢量图形绘图的应用程序，提供了特定工具来支持 IT 和商务专业人员制作不同的图表。

Visio 提供了许多图表模板和非常多的形状，其中有些很简单，有些则相当复杂。每个模板都有不同的用途，从管线规划到计算机网络，有流程图、组织结构图、网络图、工程、日程安排等，可以说是多种多样。这些图表可以被复制并粘贴到 Word、PowerPoint 等软件中。

Visio 具有较强的连接功能，只要连接线依附于形状，当编辑移动形状时，它们会继续保持连接，并会自动重排，以适应形状的新位置。由 Visio 保存的文件的默认文件扩展名为 .vsd。

8. OneNote 组件

OneNote 也是 Microsoft Office 组件之一，是一种数字笔记本，与 Word、E-mail 软件等不同，它可以将文本、图片、录音和录像等信息全部收集并组织到计算机上的一个数字笔记本中，并可很方便地搜索信息，有助于提高工作效率。

比如，学生可以在笔记本中为每门课建立一个分区，在每个分区中插入多页纸，在每页纸上记下所需的信息，包括文字、图、声音、视频等。

9. 图片处理

图片处理就是对图片进行处理和修改。通常，人们通过图片处理软件，对图片进行调色、抠图、合成、修改明暗、添加特殊效果等。

比较有名的图片、图像处理软件是 Adobe Photoshop，主要处理由像素构成的数字图像。目前有其他多种图片或图像处理软件，"美图秀秀"就是其中一款。"美图秀秀"由美图公司研发推出，是一款免费软件，比 Adobe Photoshop 简单，具有图片特效、美容、拼图、场景、边框、饰品等功能，加上每天更新的素材，可以制作需要的照片。

四、实验步骤与操作指导

【题目 1】压缩软件 WinRAR 的使用

利用 WinRAR 创建压缩文件；创建自解压格式压缩文件；释放文件；删除已压缩文件中的某个文件；打开或运行压缩文件中的某个文件。

WinRAR 完全支持 RAR 和 ZIP 压缩，采用了比 ZIP 更先进的压缩算法，是现在压缩率较大、压缩速度较快的格式之一。WinRAR 还支持 ARJ、CAB、LZH、ACE、TAR、GZ、UUE、BZ2、JAR、ISO 等类型文件的解压，具有创建自释放（自解压）文件等功能。

1. 压缩文件

（1）压缩一个文件，使其具有 ZIP 格式

安装 WinRAR 后，当用户在文件（如"科学基础机考须知.docx"）或文件夹上单击右键时，就会在快捷菜单中看见图 8.1 中用圆圈标注的部分。压缩方法有 4 种，后 2 种压缩后作为 E-mail 的附件发送，前 2 种只生成压缩文件，如果需要，也可以在 E-mail 中通过添加附件的方式发送。

这里选择"添加到压缩文件"命令，出现"压缩文件名和参数"对话框（如图 8.2 所示），进行的主要设置都在"常规"选项卡中。

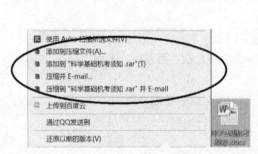

图 8.1　压缩文件快捷菜单

图 8.2　"压缩文件名和参数"对话框

选中压缩文件格式中的"ZIP"单选按钮（默认使用 RAR 格式），直接单击"确定"按钮，这样就在与原文件同一个文件夹下产生了一个图标为  的压缩文件。

用户也可以使用"常规"选项卡，通过"浏览"按钮设置存放压缩文件的其他位置，并在文本框中输入一个要改变的文件名，这样可以改名并压缩到其他位置中。

对照两个文件，一个是大小为 32.5 KB 的 DOCX 文件，其对应的 ZIP 文件大小为 9.81 KB。

（2）将文件夹 A 下的文件 A1.docx 和 A2.docx 压缩，使其产生 A.RAR，并与原文件存放在同一目录下

操作方法非常简单，打开文件夹 A 后，同时选中文件 A1.docx 和 A2.docx，右键单击选中处，在出现的类似图 8.1 所示的快捷菜单中选择"添加到 A.rar"，这时立即产生该压缩文件。

（3）压缩某个文件夹，使其产生一个 B.rar 文件

右键单击该文件夹，在快捷菜单中选择"添加到压缩文件"，在出现的"压缩文件名和参数"对话框（见图 8.2）中更改存放位置，并取名为"B.rar"，单击"确定"按钮。

有时，需要把一批文件以附件方式通过 E-mail 传给远方的亲朋好友，可以先将它们压缩成一个文件，再传送该文件，既方便，又省时，比直接传送未压缩文件的信息量要少得多。

（4）带密码压缩

如果压缩时设置了密码，则解压缩时应提供相应的密码才能解开文件。

带密码压缩的方法为：选择要压缩的文件或文件夹，右键单击选中处，在出现的快捷菜单中选择"添加到压缩文件"，出现"压缩文件名和参数"对话框（见图 8.2）；选择"高级"选项卡，在"高级"选项卡中单击"设置密码"，在出现的"带密码压缩"对话框中输入要设置的密码。

（5）将文件 feng.docx 添加到压缩文件 B.rar 中

同时选中文件 feng.docx 和 B.rar，右键单击选中处，在出现的快捷菜单中选择"添加到压缩文件"，出现"压缩文件名和参数"对话框（见图 8.2），在压缩文件名处仍输入"B.rar"，单击"确定"按钮，WinRAR 就开始更新压缩文件，会将 feng.docx 添加到 B.rar 中。

2．创建自解压格式压缩文件

"创建自解压格式压缩文件"用于创建一个 EXE 可执行文件，以后解压缩时可以脱离 WinRAR 软件自行解压缩。

创建的方法是：选择一批要压缩的文件或文件夹，右键单击选中处，在出现的快捷菜单中选择"添加到压缩文件"，出现"压缩文件名和参数"对话框（见图 8.2）；选择"常规"选项卡，勾选压缩选项中的"创建自解压格式压缩文件"复选框，单击"确定"按钮，就会产生一个自解压的 EXE 文件。

3．释放压缩文件

释放压缩文件又称为解压缩，一般可以使用快捷菜单或使用 WinRAR 窗口命令进行。

方法一：使用快捷菜单。

右键单击压缩文件，在弹出如图 8.3 所示的快捷菜单中会有图中画圈的选项出现，选择"解压文件"就可以进行解压缩了，这时弹出如图 8.4 所示的对话框。其中，"目标路径"是指解压缩后的文件存放在磁盘上的位置，"更新方式"和"覆盖方式"提供在解压缩文件与目标路径中文件有同名时的一些处理选择。单击"确定"按钮，就开始解压缩操作。

图 8.3　释放文件快捷菜单　　　　　图 8.4　"释放路径和选项"对话框

方法二：使用 WinRAR 应用程序窗口。

双击压缩文件，出现 WinRAR 应用程序窗口（如图 8.5 所示），窗口中显示着该压缩文件的内容，用户可以通过 WinRAR 工具栏完成 WinRAR 的大部分操作。

解压缩全部文件的方法是：选中".."所在行（即第一行），单击"解压到"按钮，其后续操作步骤如同方法一。

解压缩个别文件的方法是：选中要解压的文件或文件夹，单击"解压到"按钮，其后续操作步骤如同方法一。

图 8.5　WinRAR 应用程序窗口

4．删除已压缩文件中的某个文件

双击压缩文件，出现 WinRAR 应用程序窗口（见图 8.5），选择要删除的文件，单击工具栏中的"删除"按钮，再关闭 WinRAR 窗口。

5．释放自解压文件

双击自解压文件（如"A.exe"），出现"WinRAR 自解压文件"对话框（如图 8.6 所示），可以从中选择目标文件夹，也可以输入一个新的目标文件夹名。单击"安装"按钮，就可以将解压缩的文件存入目标文件夹中。

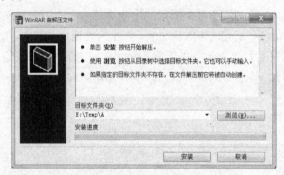

图 8.6　"WinRAR 自解压文件"对话框

6．打开或运行压缩文件中的某个文件

双击压缩文件，出现 WinRAR 应用程序窗口（见图 8.5），双击其中某个要打开或运行的文件即可。

【题目 2】制作和阅读 PDF 文档

图 8.7　图标

制作、浏览、打印、选择 PDF 文档。

PDF 文档的图标如图 8.7 所示，表示这些以 .pdf 为后缀的文件已经与 Adobe Acrobat Reader DC 或 Adobe Acrobat 等能打开 PDF 文档的软件相关联。制作 PDF 文档一般使用 Adobe Acrobat 软件。浏览、打印和选择 PDF 文件文档则可以使用 Adobe Acrobat Reader DC。

Adobe Acrobat Reader DC 是免费软件，不同的 Adobe Reader 版本，界面和命令的位置会有所不同，这里使用 Adobe Acrobat Reader DC。

Adobe Acrobat Reader DC 提供了很多工具，用户可以使用一些免费工具，但有些工具需要登录或付费订阅来激活。

1. 创建 PDF 文档

启动应用程序 Adobe Acrobat（如图 8.8 所示），选择"文件"菜单的"创建 PDF"→"从文件"命令，出现"打开"对话框；选择要创建 PDF 文档的原始文档，单击"打开"按钮，这时会关闭"打开"对话框，出现一个正在启动创建选定文档的应用程序的消息框，然后弹出一个"另存 PDF 文件为"的对话框；从中选择 PDF 文件要存储的位置、输入 PDF 文件的文件名，单击"保存"按钮。Adobe Acrobat 就开始创建 PDF 文档。

事实上，Microsoft Office 2010 软件提供了对 Office 文档进行 PDF 文档的创建，如将"实验报告.docx"转成 PDF 文档的方法是：打开"实验报告.docx"文档，使用"文件"选项卡的"另存为"命令，在保存类型中选择"PDF"，单击"保存"按钮。同样，用户可以把 .pptx 演示文稿保存为 PDF 文档。

2. 打开 PDF 文档

在安装 Adobe Acrobat Reader DC 软件以后，则双击 PDF 文件，就可以在 Adobe Acrobat Reader DC 窗口中打开它们。

如果安装了 Adobe Acrobat，则双击 PDF 文件，将在 Adobe Acrobat 窗口中打开；此时如果用 Adobe Acrobat Reader DC 打开，可以在资源管理器中右键单击该文件，在快捷菜单中选择"打开方式"→"Adobe Acrobat Reader DC"。

用 Adobe Acrobat Reader DC 打开 PDF 文档的另一种方法是先运行 Adobe Acrobat Reader DC，再使用"文件"菜单中的"打开"命令。

打开文档后的 Adobe Acrobat Reader DC 窗口如图 8.9 所示。

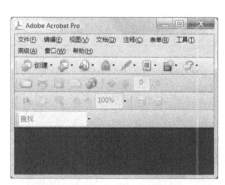
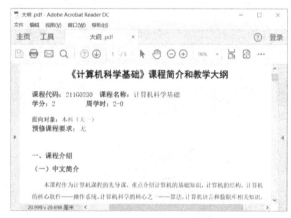

图 8.8　Adobe Acrobat 窗口　　　　　图 8.9　Adobe Acrobat Reader DC 窗口

3. 浏览文档

浏览文档可以有多种方法：

❖ 利用滚动条浏览文档。
❖ 如果希望鼠标在文档中拖动时，能同时滚动页面，工具栏中选择手形工具🖑，这时鼠标指针就会变成手形🖑。
❖ 鼠标滚动键。
❖ 利用"编辑"菜单的"查找"命令或"高级搜索"命令，定位到要查找的位置。
❖ 如果认为文档显示太小而看不清细节，可以利用工具栏调整显示比例。

❖ 如果页面方向不是正的，则可以使用快捷菜单中的"顺时针旋转"旋转其方向，或者使用"视图"菜单的"旋转视图"中的"顺时针"或"逆时针"命令。

4. 复制

复制是指把 PDF 中的内容复制到其他可编辑文档中。

（1）复制部分文字

复制部分文字，可以先在快捷菜单中选择"选择工具"或在工具栏中选择，这时鼠标指针为 I 状，然后在文档中拖动鼠标选择要复制的内容，后续操作与 Word 中的复制操作一样，即使用"复制"和"粘贴"命令。

（2）复制全部文字

使用"编辑"菜单的"全部选定"，然后进行复制和粘贴操作。

（3）以图像方式复制文档部分内容

使用"编辑"菜单的"拍快照"，然后在文档中对应需要复制的内容拖一个矩形，即选择了要复制的内容，这时选定的区域被以图的方式复制，然后使用"粘贴"命令。按 Esc 键，可以取消拍快照状态。

5. 签名

在 Adobe Acrobat Reader DC 窗口中单击"工具"选项卡，选择"填写和签名"，打开的文档进入表单方式，窗口中出现"填写和签名"工具栏，单击其中的"签名"命令，可以通过输入或绘制签名的方式对文档进行签名，如图 8.10 所示。

假定要签的名字叫"李平"，单击图 8.10 界面上方的"绘制"，利用鼠标在界面上拖动写好字（如果是触摸屏，可以直接用手指在屏幕上写字），单击"应用"按钮。然后在文档窗口中会出现签名，再把它拖到需要的地方即可，如图 8.11 所示。

六、课程教学网站：

10.71.45.100；www.cc98.org

执笔人：

图 8.10　签名　　　　　　　　　　　　　图 8.11　签名在文档中的效果

6. 打印

使用"文件"菜单的"打印"命令，可以打印 PDF 文档。在打开的"打印"对话框中进行一些设置，单击"确定"按钮即可。

【题目 3】*刻录数据 CD 和音乐 CD*

利用 Windows Media Player 刻录音乐 CD；在 Windows 资源管理器中刻录数据 CD 或 DVD；刻录一张光盘，使复制到 CD 上的文件可以删除和编辑。

1. 刻录音乐 CD

❶ 在 Windows 7 环境下插入空白光盘，在资源管理器左窗格里选择光盘（不同的计算机有不

同的驱动器符，如 DVD RW 驱动器 (K:)），这时出现如图 8.12 所示的对话框。

图 8.12　刻录光盘

❷ 输入光盘标题 "Feng-1"，选择 "带有 CD/DVD 播放器"，单击 "下一步" 按钮。

❸ 打开 Windows Media Player，选择 "刻录" 选项卡，将媒体库的音乐唱片集中的歌曲或将资源管理器中的歌曲（如*.mp3、*.wma）拖到刻录列表中，如图 8.13 所示，此时右上方光盘的剩余空间会发生改变。一张音乐 CD 可以刻录约 80 分钟的音乐。

图 8.13　Windows Media Player 窗口

❹ 待所有需要刻录的歌曲添加到刻录列表后，单击 "开始刻录" 按钮，就开始进行刻录了。刻好的 CD 就可以在 CD 播放机上播放了。

2. 刻录数据 CD

数据 CD 即一种用于在多台计算机和设备之间存储、存档和共享文件的光盘，其文件格式与硬盘上存储的一样。这些数据可以是任何文件，如 Word 文档、照片等。数据 CD 可以追加刻录。

❶ 在 Windows 7 环境下插入可刻录的、未满的光盘。在资源管理器左窗格中选择光盘，如果是空盘，会出现如图 8.12 所示的对话框，输入光盘标题 "Feng-2"，选择 "带有 CD/DVD 播放器"，单击 "下一步" 按钮。如果存在已刻录文件的，则就像在资源管理器中选择正常的光盘或硬盘一样，右窗格中会出现光盘中已存在的文件。

❷ 在资源管理器窗口中，选择要刻录的文件，将要刻录的文件复制并粘贴到光盘中，如图 8.14 所示，表示该光盘原来已刻录过数据文件，现在又准备刻录 3 个文件。

❸ 单击资源管理器上方的"刻录到光盘",弹出"刻录到光盘"的对话框,可以设置光盘标题(如"Feng-2")、刻录速度,如果有同名文件,则将被替换。单击"下一步",就开始刻录了。刻录完毕,在对话框中单击"完成"按钮。

3. 使复制到 CD 中的文件可以删除或编辑

这时的 CD 类似于 U 盘的功能。

❶ 在 Windows 7 环境下插入空白光盘,在资源管理器左窗格中选择光盘,出现如图 8.12 所示的对话框。

❷ 输入光盘标题"Feng-3",选择"类似于 USB 闪存驱动器",单击"下一步"按钮。

图 8.14 资源管理器

❸ 这时系统对光盘进行格式化。然后就可以像 U 盘那样存储文件、删除文件、修改文件。

注意:事实上还是与 U 盘不一样,可以发现随着操作的进行,CD 的可用空间在减少。

【题目 4】创建 ISO 文件和使用虚拟光驱

利用 WinISO 创建镜像文件;利用 Daemon Tools 建立虚拟光驱;加载刚建立的镜像文件。

1. 为某张光盘建立镜像文件 F01.iso

❶ 在光驱中插入一张已存在信息的光盘。

❷ 启动应用程序 WinISO(类似图 8.15 所示)。

❸ 使用"工具"菜单的"从 CD/DVD/BD 制作镜像"命令,或使用工具栏中的"制作"命令,在"制作镜像"对话框(如图 8.16 所示)中选择一个 CD/DVD/BD 驱动器,单击"···"按钮,选择 ISO 文件存放的位置及输入文件名 F01,单击"确定"按钮。

图 8.15 WinISO 应用程序窗口

图 8.16 制作镜像

2. 为某个文件夹或某些文件建立镜像文件 F02.iso

当实验所用计算机没有配备光驱时,也可以利用 WinISO 为计算机上某些文件夹或文件创建镜像文件。

假定计算机上有 Turboc2 文件夹,内含子文件夹和文件,现将其建立镜像文件 F02.iso,并且以光盘方式显示时,其名称为 TC,可以进行如下操作:

❶ 启动应用程序 WinISO。如果刚才制作了一个 ISO 文件且没有关闭 WinISO 窗口,则先使用工具栏中的"新建文件"命令。

❷ 在图 8.15 所示的界面中，右键单击左窗格的"NEW_VOLUME…"，在弹出的快捷菜单中选择"重命名"，然后输入名称"TC"。

❸ 选择"编辑"菜单的"添加文件"命令，出现"添加文件"对话框，先找到某个文件夹（如 Turboc2），选择其中的所有文件，单击"打开"按钮，这些文件就被添加到 WinISO 的右窗格中。

❹ 选择"编辑"菜单的"添加目录"命令，出现"添加目录"对话框，先找到某个文件夹（如 Turboc2），选择其中的子文件夹（这里是 INCLUDE），单击"选择文件夹"按钮，则 INCLUDE 文件夹及其子文件夹都添加进来了。用同样的方法添加另一个子文件夹 LIB。两个文件夹也就被添加到 WinISO 的右窗格中。

❺ 单击工具栏的"保存"按钮，然后选择存放位置并输入"F02"，即可保存为 F02.iso。

❻ 进度类似图 8.16，然后关闭 WinISO 窗口。

3．建立 2 个虚拟光驱，分别加载 F01.iso 和 F02.iso

❶ 启动虚拟光驱软件 Daemon Tools，这时发现桌面上并没有窗口出现，但事实上在任务栏右侧已启动的任务中已出现了 Daemon Tools 软件的运行图标 💿。

❷ 右键单击 Daemon Tools 软件的运行图标，在出现的快捷菜单中选择"虚拟 CD/DVD-ROM" → "设置设备数目" → "2 台驱动器"（如图 8.17 所示）；即设置了 2 个虚拟光驱。

❸ 单击 Daemon Tools 软件的运行图标，选择"设备 0[I:]无媒体"（是否为 I 盘与具体的计算机有关），出现"选择映像文件"对话框，选择"F01.iso"文件，单击"打开"按钮。

❹ 用同样的方法选择"设备 1[G:]无媒体"，在"选择映像文件"对话框中选择"F02.iso"文件，单击"打开"按钮。

❺ 查看资源管理器，如图 8.18 所示，左窗格中的"BD-ROM 驱动器（G:）TC"即为 F02.iso 对应的内容，左窗格中的"BD-ROM 驱动器（I:）CD Driver"即来自原光盘的 F01.iso。可以发现，当在左窗格中选择"BD-ROM 驱动器（G:）TC"时，对应的右窗格显示的与原 Turboc2 文件夹中的一模一样，并且可以对其中的文件或文件夹进行操作，其实它们是同一个 ISO 文件。

图 8.17　光驱数量设置　　　　　图 8.18　已加载了镜像文件的资源管理器窗口

4．卸载所有虚拟光驱

单击 Daemon Tools 软件的运行图标，选择"卸载所有驱动器"命令。

【题目 5】利用 Visio 作图

制作学生选课操作流程图，如图 8.19(a)所示；制作程序流程图，如图 8.19(b)所示。

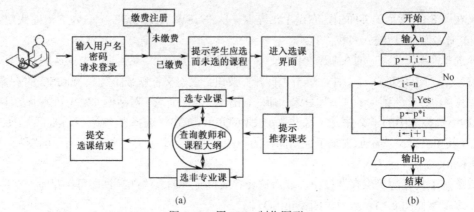

图 8.19　用 Visio 制作图形

1．制作学生选课操作流程图

❶ 启动 Visio（如图 8.20 所示）。

❷ 使用"文件"选项卡→"新建"命令，在"选择模板"中选择"空白绘图"，单击窗口右下方的"创建"按钮，出现如图 8.21 所示的界面。左边是"形状"窗格，包括各形状工具，上方是命令功能区，右侧则是绘图页（区）。

图 8.20　Visio 界面

图 8.21　绘图

如果需要，可以通过"视图"功能区→"显示比例"调整绘图页的显示大小。

❸ 单击"形状"窗格中的"更多形状"，选择"流程图"→"工作流对象"，这时"形状"窗格中会出现工作流对象中的一系列形状。

❹ 将"形状"窗格中的"用户"形状拖到绘图页合适的位置上。

❺ 单击"形状"窗格的"更多形状"，选择"常规"→"方块"，"形状"窗格中会出现"方块"工具对应的一系列形状。

❻ 将"方块"工具中的"框"形状拖到绘图页合适的位置上。

❼ 双击绘图页上的"框"，输入文字"输入用户名密码请求登录"（必要时加一些回车）。

❽ 用与❻、❼相同的方法制作另外 7 个框，并输入相应的文字。

❾ 将"方块"工具中的"圆形"形状拖到绘图页合适的位置上，调整其大小，并使其成为椭圆。双击绘图页上的"圆形"形状，输入文字。

⑩ 单击"形状"窗格的"更多形状"，选择"其他的 Visio 方案"→"连接符"，这时"形状"窗格中就会出现一系列连接符形状。

⑪ 将"连接符"工具中的"有向线 1"形状拖到绘图页合适位置。分别拖动端点，无箭头一端粘附到"用户"形状，有箭头一端粘附到"输入用户名"框上。这样做的好处是，当拖动"框"或"用户"时，连接线会自动调整，并仍粘附于连接点。

⑫ 将"连接符"工具中的"双树枝直角"形状拖到绘图页合适位置。

⑬ 选择绘图页上的"双树枝直角"，拖动左端点到"输入用户名"框连接点（框的边缘中点）上，再分别拖动右侧两个分支端点粘附到另外两个方框的连接点上。拖动树枝中间（树杈）端点到合适位置。

⑭ 设置箭头。右键单击绘图页中的"双树枝直角"形状，在快捷菜单中选择"格式"→"线条"，在出现的"线条"对话框的箭头"终点"中选择 04（即一种箭头样式），单击"确定"按钮。

⑮ 用类似⑪的方法制作 2 条连接线，分别连接"提示学生"到"进入"，连接"进入"到"提示推荐"。

⑯ 用类似⑫～⑭的方法制作 2 个"双树枝直角"连接线，分别连接"提示推荐"到"选专业课"和"选非专业课"，连接"选专业课"和"选非专业课"到"提交"。其中，连接"选专业课"和"选非专业课"到"提交"采用"起点"设置箭头。

⑰ 在"连接符"工具中选择"动态连接线"，拖到绘图页合适位置，连接"选专业课"和"查询"。利用快捷菜单中"格式"→"线条"命令，设置两端箭头，并设置"始端大小"和"末端大小"为"小"。

⑱ 用同样的方法或复制⑰中的连接线，为"查询"和"选非专业课"设置连接线。

⑲ 在"连接符"工具中选择"直线-弧线连接线"，拖到绘图页合适位置，连接"选专业课"和"选非专业课"，并使用类似的方法设置双向箭头。

⑳ 插入文本框。使用"插入"功能区→"文本框"命令，在绘图页合适的位置上拖一个框，输入文字"未缴费"。同样方法，建立一个"已缴费"的文本框。

㉑ 使各形状无填充色。按 Ctrl+A 组合键，选中所有的形状，使用"开始"功能区→"形状"分组→"填充"，设置为"无填充"色。

㉒ 如果需要，可以调整文字大小、形状大小到合适位置，也可以将该图复制到 Word 等文档中。最后保存该图。

2．制作程序流程图

❶ 启动 Visio，选择"文件"→"新建"→"基本流程图"。

❷ 将"基本流程图形状"工具中的"开始/结束"形状拖到绘图页合适的位置上。

❸ 双击绘图页上的"开始/结束"形状，输入文字"开始"，再在形状外单击鼠标。

❹ 将"基本流程图形状"工具中的"数据"形状拖到绘图页合适的位置上；双击"数据"形状，输入文字"输入 n"。

❺ 移鼠标到绘图页的"数据"形状上，界面会出现 4 个导向箭头，再移鼠标到向下的导向箭头上，出现如图 8.22 所示的导向形状；单击"流程"导向形状，自动绘出一个"流程"框，并自动添加"数据"形状到"流程"形状的连接线。必要时，可拖动形状，调整位置。

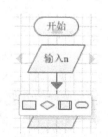

图 8.22　导向箭头与形状

❻ 双击"流程"形状，输入文字"p←1，i←1"。

❼ 用与❺类似的方法添加"判定"形状及连接线，输入文字"i<=n?"；添加"流程"形状及连接线，输入文字"p←p*i"；添加"流程"形状及连接线，输入文字"i←i+1"。

❽ 将"基本流程图形状"工具中的"数据"形状拖到绘图页合适的位置，输入文字"输出 p"。

❾ 用与❺类似的方法添加"开始/结束"形状及连接线，输入文字"结束"。

❿ 单击"开始"功能区→"工具"分组→"连接线"，绘制剩余的线条，绘制时注意方向和端点对齐。绘制完毕后，单击"开始"功能区→"工具"分组→"指针工具"。

⓫ 按 Ctrl+A 组合键，选择所有形状，更改文字大小。通过鼠标拖动，适当调整各形状位置至合适为止。

⓬ 双击"i<=n?"和"p←p*i"之间的连接线，输入"Y"。双击"i<=n?"和"输出 p"之间的连接线，输入"N"。

采用双击连接线输入的"Y"或"N"会直接出现在连接线上，若要使它们位于连接线边上，可以选择连接线，这时"Y"或"N"上就会出现一个黄色小菱形，将鼠标指针移到黄色小菱形上，使鼠标指针变成十字箭头形状时，拖动鼠标即可调整"Y"或"N"的位置。

【题目 6】数字笔记本 OneNote 的基本使用

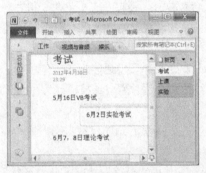

图 8.23　数字笔记本

在自己的计算机上建立一个如图 8.23 所示的数字笔记本"笔记本 01"，包含"工作"、"视频与音频"、"娱乐"三个分区；"工作"分区中有 3 页，分别是"上课"、"考试"、"实验"；各页有一些相应的信息；"视频与音频"分区有两页，分别存放录像和录音；"娱乐"分区存放一些旅游景点信息；最后试着在数字笔记本中查找文字"杭州"。

如果完成了以上要求的操作，则计算机上会出现一个"笔记本 01"文件夹，该文件夹下会有"工作.one"、"视频与音频.one"和"娱乐.one"等文件，每个 .one 文件表示一个分区。操作如下：

❶ 启动 Microsoft OneNote 2010。

❷ 使用"文件"选项卡的"新建"，在"新笔记本"处选择"我的电脑"，输入数字笔记本名称，如"笔记本 01"，选择存放位置，单击"创建笔记本"按钮，这时在窗口左侧会显示你的笔记本名。窗口中间是存放信息的地方，其上方的选项卡名称处为"新分区 1"，下面编辑区有一个虚线框，框中可以输入页标题。右窗格为该分区的各页标题，初始状态为"无标题页"。

❸ 右键单击选项卡名上的"新分区 1"，在快捷菜单中选择"重命名"，输入文字"工作"。

❹ 在窗口中间编辑区的虚线框中输入文字"考试"，这时右侧页标题处的文字"无标题页"就变成了"考试"。

❺ 在编辑区任何位置上单击，会出现一个与图 8.23 中"6 月 2 日实验考试"类似的一个空白框，可以在框中输入文字，如"6 月 3 日实验考试"。这个框可以在页面任何位置上拖动。

❻ 用同样的方法，在该页面上建立另两项"5 月 16 日 VB 考试"和"6 月 7，8 日理论考试"。

❼ 单击右窗格上的"新页"，为"工作"分区添加新的一页。在新的一页上输入标题"上课"，并可在页中输入一些与上课有关的信息。

❽ 用同样的方法为"工作"分区添加新的一页，即"实验"页，并添加相应内容。

⑨ 单击"工作"分区标签右边"✳"标签，创建新分区，出现"新分区 1"标签，直接输入"视频与音频"，这样就修改了"新分区 1"标签名称为"视频与音频"。

⑩ 在页标题处输入"录像"。

⑪ 单击"录像"页合适位置，使用"插入"功能区→"正在录制"分组→"录像"命令，出现"录像"窗口，如果安装有摄像头，则当场开始录像并录音。单击"录像"窗口的"关闭"按钮，结束录像操作。这时页面中会出现一个录像图标（如图 8.24 所示），并记录录像开始时间。双击该图标，即可播放录像。

⑫ 在"录像"页可以插入一个或多个已存在的录像。使用"插入"功能区→"文件"分组→"附加文件"命令，在"选择要输入的一个或一组文件"对话框中选择文件，单击"插入"按钮。

⑬ 单击右窗格上的"新页"，为"视频与音频"分区添加新的一页。在新的一页上输入标题"录音"，并可插入一些录音信息。如使用"插入"功能区→"正在录制"分组→"录音"命令，可以当场录音。单击"音频和视频"→"正在录音"功能区的"停止"按钮，可以终止录音。这时在页面上会出现录音图标，双击录音图标可以播放声音。同样，可以插入 MP3 等音乐文件。

⑭ 用类似建"视频与音频"分区的方法，创建"娱乐"分区，并用之前类似的方法添加信息，如"杭州"的旅游信息，并包括添加图像，也可以创建多个页面。

⑮ 搜索。在分区标签右侧，右窗格上方文本框中输入要查找的文字"杭州"，出现如图 8.25 所示的搜索框，提示用户在哪个笔记本、哪个分区、哪一页（标题）中含有"杭州"。

图 8.24　录像图标

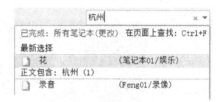

图 8.25　搜索

比如，在图 8.25 中显示共找到两项，一项在名为"笔记本 01"的"娱乐"分区标题为"花"的页中，另一项在"Feng01"笔记本的"录像"分区标题为"录音"的页中。此时单击"花"或"录音"，对应的页面就会出现在编辑区中，否则会显示"无匹配项"。

【题目 7】使用"美图秀秀"处理图片

插入照片 A，对照片 A 的原图分别进行以下操作：将照片 A 设置为黑白；消除照片 A 中的部分图像；对照片 A 进行皮肤美白；在照片 A 中加入文字；在照片 A 中添加饰品；对照片 A 抠图换背景。对照片 B、照片 C、照片 D 进行拼图，并以照片 E 为背景。对照片 F 中的车牌号用马赛克显示。

启动"美图秀秀"（如图 8.26 所示），单击"美化图片"→"打开一张图"，选择照片 A，可以看到，工作界面上有美化、美容、饰品、文字、边框等选项卡（如图 8.27 所示）。如在"美化"选项卡中，用户可以进行亮度、清晰度等的调整，可以使用各种画笔，还可以直接使用系统提供的"热门"、"基础"、"人像"等特效。每一种又有多种可供选择。

1. 将照片设置为黑白

打开照片 A 后，在"美化"选项卡中选择"基础"特效中的"黑白"；再使用窗口右上角的"保存与分享"命令，另取文件名并保存照片。

图 8.26 "美图秀秀"界面

图 8.27 相关选项卡

2. 消除照片中的部分图像

在图 8.27 所示的原图照片中，要消除照片上的其他人，可以在"美化"选项卡中使用左边工具中的"消除笔"命令，然后按住鼠标左键，涂抹需要消除的位置，消除后效果如图 8.28 所示。单击"应用"按钮后，保存图片。

3. 皮肤美白

在界面上方单击"原图"按钮，在原图状态下进入"美容"选项卡，选择"皮肤美白"功能。单击局部美白，然后选择合适的画笔大小和肤色，涂抹需要美白的部位，并保存图片。

4. 加入文字

在原图状态下进入"文字"选项卡，选择"文字模板"→"网络流行语"，在右侧的素材中选择一个，就可以添加到照片中（如图 8.29 所示），然后保存图片。

图 8.28　消除　　　　　　　　　　　　　图 8.29　加入文字

5．添加饰品

在原图状态下进入"饰品"选项卡，选择"静态饰品"→"配饰"→"首饰"，在右侧的素材中选择一个添加到照片中，调整位置和大小（如图 8.30 所示），然后保存图片。

6．抠图换背景

在图 8.27 所示的原图照片中，要把照片上的人像取出，可以在"美化"选项卡中使用左边工具中的"抠图笔"命令，在出现的抠图样式对话框中选择一种抠图样式，如"自动抠图"，出现"抠图"对话框；然后用抠图笔在要抠取的图上画直线，系统自动抠取图案，但可能包含一些你不需要的图形部分，这时再单击对话框中的"删除笔"按钮，在不需要的地方画上直线。如果还有需要的部分，再单击"抠图笔"按钮并画线。最后单击"完成抠图"按钮，对话框名称成为了"抠图换背景"。

在"抠图换背景"对话框中，单击"更换背景"按钮，打开背景图片，然后将已抠的图拖到合适的位置，如图 8.31 所示。最后保存。

图 8.30　添加饰品　　　　　　　　　　　图 8.31　抠图换背景

7．拼图

进入"拼图"选项卡，选择"自由拼图"，单击"添加多张图片"分别加入照片 B、照片 C、照片 D 这 3 张图片，并拖动图片到合适位置，调整大小和旋转方向。右击图片，还可以设置图片的叠放次序。单击"自定义背景"按钮，在出现的下拉框中单击"选择一张图片"，打开照片 E，则将新选择的照片 E 作为背景，如图 8.32 所示。最后保存图片。

8．局部使用马赛克

打开照片 F，在"美化"选项卡中使用"马赛克"命令，鼠标在相应位置上拖一下即可，如图 8.33 中的车牌号已使用了局部马赛克。然后保存图片。

图 8.32 拼图

图 8.33 局部马赛克

五、操作题

1. 利用 WinRAR 为你在本课程第 7 章实验报告中的所有文件创建一个 RAR 压缩文件、一个 EXE 自解压格式压缩文件；将这两个文件复制（或通过 E-mail 传送）到另一台计算机中，并在那台计算机中打开 RAR 文件中的一个文件；把 RAR 文件中的某个文件解压缩到"我的文档"中，把 RAR 文件中的所有文件解压缩到 D 盘根目录下，把 EXE 文件解压缩到 D 盘"练习"文件夹下。

2. 使用 Word 应用程序为第 2 章 Word 实验的文档创建 PDF 文档，然后查看本地计算机中是否存在 Adobe Reader 或 Adobe Acrobat Reader DC。如果不存在，则通过 http://www.adobe.com/cn 下载而获取 Adobe Acrobat Reader DC，并安装到本地计算机中。用 Adobe Acrobat Reader DC 打开 PDF 文档，使用缩放比例和"手形工具"浏览文档；复制部分文字到 Word 文档中，接着利用"拍快照"工具，将 PDF 文档中的一块区域以图像方式复制到 Word 文档中。

3. 利用金山词霸或其他电子词典、翻译软件查英文单词 network、词组 network card、缩写 URL 的解释；查中文词"一帆风顺"的英文翻译、拼音和中文解释。

4. 将计算机中的一些文件刻录成一张数据 CD，将计算机中的一些 MP3 音乐刻录成一张音乐 CD。

5. 将计算机中的某个资料文件夹制作成一个 test01.iso 文件，并取光盘名（不是文件名）为你的姓名。为一张光盘制作一个 test02.iso 文件。设置 4 个虚拟光驱，并用其中的 2 个来加载 test01.iso 和 test02.iso。

6. 利用 Visio 制作如图 8.34 所示的两个图形。

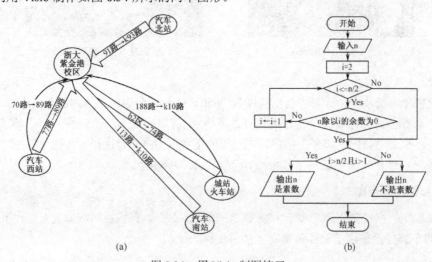

(a)   (b)

图 8.34 用 Visio 制图练习

7. 利用 OneNote 制作数字笔记本"我的课程"。笔记本含 4 个分区："数学"、"英语"、"计算机"和"我的演讲录音"。"计算机"分区中有两页，一页是"计算机科学基础"，另一页是"程序设计"。其他各分区均有一页，页标题自定。各页均插入一定的信息，包括图和录音，具体内容自定。

8. 利用"美图秀秀"对自己的某张照片进行如下设置：保存一份黑白照片；保存一份背景虚化的照片；保存一份增加亮度的照片；保存一份添加文字的照片；保存一份换背景的照片；使用 4 张照片进行拼图操作。

六、实验报告

1. 写出完成操作题的步骤，并附上通过 Adobe Acrobat Reader DC 软件复制过来的 PDF 文档中的内容和刻录、制作 ISO 文件、设置虚拟光驱、加载 ISO 文件、实现"图片处理"的过程截图，最后将其转为 PDF 文档。

2. 将压缩的 EXE 文件、VSD 文件、"我的课程"文件夹、处理过的照片和含有操作截图的 PDF 实验报告一起压缩成"实验 8.rar"，以电子文档提交。

参 考 文 献

[1] 陆汉权. 数据与计算——计算机科学基础（第 3 版）. 北京：电子工业出版社，2017.

[2] 冯晓霞，方红光. 大学计算机基础教程学习与实验指导. 杭州：浙江大学出版社，2006.

[3] 汤银才. R 语言与统计分析. 北京：高等教育出版社，2008.

[4] 朝乐门. 数据科学. 北京：清华大学出版社，2016.